安徽省哲学社会科学
规划课题后期资助项目《人工智能发展的社会风险及其治理》
（AHSKHQ2022D02）阶段性成果

DISORDER OR MASTERY

失控还是掌控

人工智能的社会风险及其治理

THE SOCIAL RISKS AND GOVERNANCE OF ARTIFICIAL INTELLIGENCE

程淑琴 倪东辉 著

中共中央党校出版社

图书在版编目（CIP）数据

失控还是掌控：人工智能的社会风险及其治理 / 程淑琴，倪东辉著．--北京：中共中央党校出版社，2024.3

ISBN 978-7-5035-7676-8

Ⅰ.①失… Ⅱ.①程… ②倪… Ⅲ.①人工智能-风险管理 Ⅳ.①TP18

中国国家版本馆 CIP 数据核字（2024）第 002390 号

失控还是掌控：人工智能的社会风险及其治理

责任编辑 任 典
责任印制 陈梦楠
责任校对 马 晶
出版发行 中共中央党校出版社
地　　址 北京市海淀区长春桥路 6 号
电　　话 （010）68922815（总编室）　（010）68922233（发行部）
传　　真 （010）68922814
经　　销 全国新华书店
印　　刷 北京盛通印刷股份有限公司
开　　本 880 毫米×1230 毫米　1/32
字　　数 112 千字
印　　张 6.25
版　　次 2024 年 3 月第 1 版　2024 年 3 月第 1 次印刷
定　　价 39.00 元

微 信 ID：中共中央党校出版社　**邮　　箱**：zydxcbs2018@163.com

前　　言

近年来，人工智能已被应用于公共治理、应急管理、金融等多个领域，人工智能技术实现了从感知智能到认知智能、从大数据学习到小样本学习、从专用智能到通用智能等重要跨越。同时，人工智能与5G、边缘计算、区块链等其他新兴技术融合发展的趋势也越来越明显。人工智能技术的运用虽然可以提高人们的工作效率、为人类提供生活辅助，但其可能会因此而衍生出诸多的风险和问题。这些风险和问题甚至会影响人类社会自身的安全，因此，需要对其社会风险及治理展开深入研究。最初，人们对人工智能的态度或许只是好奇，但伴随着其高效、便捷和智慧功能的出现，社会中已开始出现对人工智能失控和其所带来的负效应的隐忧，甚至出现了恐惧及似是而非的流言。如果把现代社会视为风险社会，那么，我们可以认为，人工智能技术就是当代风险社会中的一个重要风险源。要校正人工智能研发和应用的方向盘，就更加需要深入研究人工智能发展的社会风险及其治理。人类对科学技术进步的预设前提是该技术能够为人类可控，但技术的演进逻辑并非完全由人类所掌握。技术应用的场景和结果都将带来新的社会问题，因而需要审慎思考技术伦理属性和界定技术应用的边界。当前，坚持增进人类福祉、公平公正、控制风险、公开透明的原则，健全多方参与、协同共治的治理体制机制，塑造科技向善的文化理念和保障机制已成为当务之急。因此，建构人工智能在效率、便利、安全和伦理上的多维均衡就成为了新的课题。这不仅是时代之问，而且亟待时代之答。

早在20世纪时就有学者开始针对网络技术所引发的隐私权进行研究，因此，提出信息技术不仅有科学技术属性，还有伦理属性。近年来，学者们也意识到，无论是大数据、区块链还是人工智能和云计算，都深刻穿透到了人类社会的各个层级、各个场景，人们既从中享受到了便利，也深陷于其所带来的伦理问题之中。单纯技术崇拜的背后体现出的是强技术弱人性的逻辑，这也导致了决策者和技术研发使用者的伦理意识滞后于技术的发展。目前，人们对于信息技术及其伦理问题的讨论正日渐增多，这将有助于推进对信息技术伦理的反思。在技术应用领域，人工智能的开发者们对人工智能的研究更多聚焦在“理论、算法、平台、芯片和应用”上，而公共部门则更关注如何实现社会管理精准化和提高人工智能对公共治理决策辅助能力的技术创新以及技术扩散理论研究，二者都在无意间忽视了人工智能在过度设置、部署和发展过程中可能引发民众的不安与质疑的潜在风险。从技术伦理的角度研究人工智能应用，既能够拓展技术伦理已有的研究范围，又有利于梳理和均衡公共管理目标、手段和伦理之间的冲突。事实上，尽管公众对于人工智能作为一种“工具”的认同早已达成了共识，但公众对于人工智能伦理风险的认知仍存在着较大的差异，这就需要我们及时开展对人工智能技术伦理的评价。

对于人工智能及其运用来说，不仅需要在公共管理领域理性予以评价并遏制强技术弱人性的逻辑，通过多层次、差异化监管和顶层设计服务场景来厘清责权边界，防范算法黑箱，警惕技术至上化解危机，还要破解数字鸿沟，让技术回归服务人类的本质。目前，公共领域信息化项目建设尤其是涉及公共治理项目中人工智能技术的立项、建设和运维都还缺少必要的风险评估、监管与管控措施。围绕人工智能发展带来的社会性问题开展研究，提出可操作的具体方法，不断调整优化法律、制度机制，对于稳步推进数字中国、智慧社会建设以及提升国家治理体系和治理能力现代化具有积极意义。

本书首先论述了人工智能技术的发展历程和战略态势以及近年来有关人工智能伦理和社会风险课题研究的方法、难点和重点，其次介绍了人工智能技术前沿理论和技术发展状况，并从技术角度阐释了社会风险是人工智能技术必然伴生的结果，再次对人工智能技术风险的成因进行了深入分析，并介绍了世界各国对遏制人工智能社会风险通行的观念和制度设计。全书从管理创新、治理目标、社会责任和社会共识等方面出发，通过研究人工智能涉及的信息技术伦理的内涵、技术风险的特性、技术伦理评价与技术边界策略，提出了我国人工智能社会风险的规避措施，探讨了人工智能在管理应用中的伦理框架和原则，旨在通过形成平衡性的人工智能伦理观来实现对人工智能社会风险的管控和治理。

目 录

第一章
人工智能的技术狂飙和风险隐忧

从概念提出到技术日趋成熟，近年来，人工智能已经被应用于社会治理、应急管理、金融等领域，“阿尔法狗”击败诸多国际顶尖围棋高手震惊世界，柯洁甚至认为有了人工智能的存在，从事围棋事业的意义都大打折扣了。在不同的技术应用领域，人工智能展示的强大功能令人感叹和向往，无论是科技界、企业界还是政府决策者，都有推动其进一步发展从而获得效率和便利的冲动。我国政府高度重视高科技产业的发展，尤其是信息技术产业被视为今后产业升级和国际竞争的核心技术之一。2017 年 7 月 8 日，国务院印发了《新一代人工智能发展规划的通知》（以下简称《通知》），《通知》前瞻性提出人工智能的迅速发展将深刻改变人类社会生活、改变世界，我国科研和产业要抢抓人工智能发展的重大战略机遇，构筑我国科技护城河和创造我国人工智能科技发展良好生态，推动我国建设创新型国家和世界科技强国①。然而，就在人工智能发展如日中天之时，唱衰的、质疑的各种声音和思考也随之产生，不断有学者提出人工智能技术发展可能产生巨大的社会风险，人工智能技术的运用虽然可以提高工作效率和提供生活辅助，但也衍生出了诸多的问题，而这些风险甚至会影响人类社会自身的安全，对其社会风险及治理问题需要予以深入研究。需要看到，对于人工智能技术发展可能产生的诸多社会问题不仅仅是人工智能技术本身是否合法合规的问题，更涉及管控技术有序发展的问题，而这一问题则是关乎人类本身安全命运的大事。有效管控人工智能社会风险，高质量推进人工智能技术和产业发展，既是时代之问，也亟待时代之答。

一、人工智能技术发展历程和战略态势

人类社会的发展需要不断地改造自然，为此需要提高劳动效率，增加工作生活便捷性，提升决策精准度和前瞻性，这些追求是驱动科技发展的重要动因。

---

① 参见段黎宇：《论民事诉讼中笔迹、指印鉴定的多次取样问题——基于50个法院委托司法鉴定案例的实证研究》，《河南司法警官职业学院学报》2021年第3期。

1. 人工智能的起源

计算效率的提升是进入工业化社会最为重要的指标，而既聪明又高效的计算方式显然是人类追求的终极科技目标，这也形成了人工智能诞生的价值基础。在人类文明的历史长河中，人们始终不断尝试着各种提高计算能力的方法，比如计算尺、计算器等。英国科学家艾伦·图灵在第二次世界大战期间采用了班布里方法破解德国恩尼格玛机密码，就是借助了计算能力的提升。1946 年，为了在复杂突发状况下提升作战指挥效率，由美军主导研发的全球第一台通用计算机在美军实验室诞生。这台计算机的运算速度和准确性超过原有的人工和机械计算能力。在随后时间里，计算机成为了提升计算效率的主攻方向。但一般的计算机是运行人类设定好的程序，属于“死脑筋”的机械式计算，能否设计出具备人类智慧的“聪明计算机”逐渐引起了当时科学家的思考。什么样的计算机才算得上“智慧”机器？对于这一问题，20 世纪五六十年代，英国科学家艾伦·图灵提出了著名的“图灵测试”，以检验机器是否能够达到“智慧”水平，也就是现代所说的人工智能的标准：他设想，如果机器能够回答人类提出的问题并让超过 30％的测试者无法分辨这个答案是人类还是机器所答，那么就可认定这台机器具有了人工智能。图灵还预言了这种具有人类智慧的机器迟早会随着信息技术的发展而诞生。1950 年，马文·明斯基和邓恩·埃德蒙研发了世界上第一台神经网络计算原型机。这台原型机虽然简陋，但因其意识层面的表达原理而被看作人工智能的一个源点。因此，马文·明斯基被人们称为“人工智能之父”。1956 年，在美国新罕布什尔州汉诺威镇达特茅斯学院的一个研讨会上，约翰·麦卡锡使用了“人工智能”一词，以从学术角度描述这种趋向人类智慧的前沿技术。后来，约翰·麦卡锡和马文·明斯基共同创建了世界上第一座人工智能实验室——麻省理工学院人工智能实验室（MIT AI LAB）。从已公布的 2023U. S. News① 全美研究生人工智能专业院校排名，麻省理工学院仍高居第一名，卡内基梅隆大学（CMU）、斯坦福大学与加州大学伯克利分校（UCB）并列第二，他们代表了世界人工智能研究的顶级水平。同一时期，还有许多学者预测和憧憬了人工智能的未来，甚至预言机器完全可以替代人类完成人类能够做到的一切体力和智力工作。随着智能计算和工业机器人的诞生，人们发现，机器人果然可借助计算机读取设置好的存储程序和信息，通过输出指令来控制机械运行，从而大大提高了生产效率。但初期的机器人无法主动感知外部环境信息

① 系大学排名机构，诸如泰晤士、QS 排名等，U. S. News 具有广泛影响力。

并作出相对适应信息的交互反应，因此，看似智慧的机器人存在着很多局限。终于可以感知外部信息并能进行信息交互的机器人在1964年诞生了：麻省理工学院人工智能实验室研究团队开发出了可以与人类聊天的机器人，实现了机器与外部信息的交互。虽然它只能简单判断少数标准语法和词汇，输出的语句也是程序预先设定的句式，但它同样成为人工智能研究的里程碑。

1965年，可以判断复杂信息的“专家系统”首次出现。美国科学家爱德华·费根鲍姆等研制出了可以进行化学分析的专家系统程序——DENDRAL，DENDRAL能够通过质谱等实验数据分析，推导出未知化合物的分子结构，并与化合物分子结构数据库中已知的化合物分子结构信息进行比对，从而推算出其适配概率。虽然初期识别的准确性还较低，但相比传统的人工质谱分析方法，这一程序可以快速缩小可能化合物识别的范围，从而大大提高了识别效率。“专家系统”的出现点亮了人工智能研究的曙光，但是这种乐观的情绪很快就遇到了人工智能的研发瓶颈：首先，人工智能的研究需要大量广泛的科技协作和经费投入，在没有看到明确回报时，资本不愿投入大量资金和研究力量，而当时各国政府的科研计划也未对类似前景不明晰的项目给予重视。其次，由于当时计算机硬件性能不足，无论是运算还是存储都无法支撑人工智能进行复杂计算所需的硬件环境。现在，一部智能手机的硬件远远超过了当时一栋楼大小机器的运算能力。由于当时人工智能本身的算法研究还处于起步阶段，因此对于复杂问题的计算逻辑路径和模型尚不成熟，导致其计算输出结果准确率低且不稳定。再次，人工智能需要巨量的数据积累和机器学习，而数据库和数据分析方面的研究与积累无法支撑人工智能的机器进行深入学习。即使到了现代，数据积累依然是决定人工智能功能水平的重要因素，这一点从无人驾驶汽车需要大量的数据进行训练就可以得到验证。在科学圈有一句谐语“科学的尽头是神学”，就是在这种困局下，神学并不足虑，但已有科学家和哲学家敏锐地意识到人工智能这种技术可能带来的社会风险和伦理风险，这种警惕舆论也使相关研究面临着重重阻碍，而且这种忧患意识至今仍影响和伴随着人工智能的发展。

2. 人工智能的价值呈现

即使在受到短暂的冷遇时，科学家们的研究也并未真正停滞不前。1968 年，美国斯坦福研究所（SRI）研发的人工智能机器人 Shakey 实现了自主感知和分析研判环境信息以及主动规划行为逻辑并执行设定的简单任务，这种对外部信息的反馈标志着机器人第一次拥有了类似人的感官反应。1970 年，美国斯坦福大学计算机学科 T. 维诺格拉德教授团队开发了名为

SHRDLU 的人机对话计算机系统。据报道，该系统能够分析简单的语义、理解语言指令，遇到语义不明确的句子可以通过虚拟模块操作来完成分析和输出[①]。1976 年，美国斯坦福大学肖特里夫等人研发的医疗咨询专家系统 MYCIN 已经可用于对传染性血液病患进行诊断，诊断结果的准确率得到了有条件的认可。1980 年，卡内基梅隆大学的研究者为一家数字设备制造公司研发了一套名为 XCON 的“专家系统”，这套采用人工智能程序的专家系统由专业的“知识库＋逻辑推理系统”组成，XCON 系统就是一套具有完整专业知识和经验的人工智能系统。与以往的人工智能系统相比，这套系统具有较高的商业价值，投入使用后，能为使用者节省经费并提高效率，特别是能提供有价值的决策辅助。XCON 系统的成功吸引了商业资本的关注，随后，硬件、软件等各类人工智能生态链的研发纷纷开始火热进行，并推动着人工智能专家系统不断演进。

3. 人工智能的崛起

由于看到了人工智能的技术前景，各国政府开始重视人工智能的研发，先是拨款支持鼓励研究机构探索，再到主动规划

---

① 参见窦宏恩、张蕾、米兰等：《人工智能在全球油气工业领域的应用现状与前景展望》，《石油钻采工艺》2021 年第 4 期。

国家级人工智能发展目标，人工智能领域已成为各国科技竞争最为激烈的领域。人工智能技术尤其是神经网络技术迅速发展，使得原来专家系统的技术逻辑被迭代。随着计算机硬件、软件技术以及大数据技术的突破，科学家已经无法满足于人工智能仅仅停留在解决计算数学、物理和工程问题，因此开始尝试使其参与图形识别、语义分析和复杂逻辑方面的应用，而且不断取得了成就。1984 年，大百科全书 CYC 项目启动，项目试图将尽可能多的人类知识都输入存储进计算机，形成一个巨型数据知识库，并在此基础上实现知识调用和推理。它尝试让人工智能应用以类似人类思维方式工作，开辟了人工智能全新研发领域。这其中的代表性事件就是“阿尔法狗”战胜一众世界顶级围棋高手。研究者在神经网络的深度学习领域取得的突破，也标志着人工智能技术的进步。数据、分析和云计算强力组合，构成了以数据（而非网络）为中心的零信任安全方法的基础。特别是从基于网络的身份和凭证管理向以数据和设备中心的身份访问管理和最低权限访问原则迁移，这为网络人工智能的大规模应用奠定了基础。当前，人工智能已实现了智能客服、智能医生、智能家电等一般人机互动场景；基于人工智能的算法也已应用于金融市场的量化交易；法官可以依靠人工智能司法判例系统研判复杂案件可能适用的法律条文；普通医生可以依靠医疗人工智能系统判断病人的检测结果和推荐方案进行治疗；智能客服可以根据顾客所问信息及时解答；智能家电可以根据外部环境和主人需求偏好设置运行状态……谷歌与欧洲生物信息学研究所合作开发出了一种深度学习模型 ProtCNN，该模型可使用神经网络可靠预测蛋白质功能，并注释更多未知蛋白质序列，具备速度快、易操作且成本低的优势。依靠该模型，主流数据库“Pfam 数据库”中注释的蛋白质序列的覆盖范围扩大了 9.5%，超越了过去十年科学家在此方面的成果。同时，该模型还有效预测了 360 种数据库中未注释过的人类蛋白质的功能。该方法可较为准确地进行蛋白质功能预测及蛋白质突变功能效应预测，并进行蛋白质设计，进而应用于药物发现、酶设计以及帮助人类了解生命的起源。未来，类似 ProtCNN 的深度学习模型将成为蛋白质注释工具的核心组成部分。人工智能正在全面进入社会经济各个领域，除了互联网巨头的青睐，众多初创科技公司也纷纷加入到人工智能细分领域的研发之中，深度学习、神经网络等研究呈大热趋势，属于未来的智能化狂潮正席卷而来。在世界范围内，人工智能已成为国际科技竞争的焦点，许多国家正把人工智能视为引领未来的战略性关键技术，把人工智能视为经济发展的新引擎和驱动力。事关国家间的竞争力和战略安全屏障，各国纷纷出台大数据、人工智能的国家科技与产业规划和政策，以推动本国在核心技术、人才培养、技术标准等领域的发展，并谋求在新一轮国际竞争中掌握主导权。为此，我国也已部署了智能制造、智慧城市等研发计划和专项，并从科技研发、应用推广和产业发展等方面采取了一系列措施，还在部分核心关键技术上实现了突破。其中，在语音图形生物识别技术、工业机器人、无人驾驶等技术上处于世界领先地位，形成了我国在人工智能领域跟跑、并跑到部分领域领跑的良好局面。

4. 人工智能引领人文社科研究开辟新阶段

进入信息技术爆发的时代，人工智能已成为谁都不能错过的科技革命的支点。移动互联网、大数据、云计算、元宇宙、脑科学等新理论新技术的蓬勃发展以及芯片科技等硬件技术的发展给人工智能提供了扎实的硬件基础。人工智能正引领着指数级链式反应般的科学突破，引发了新一轮科技革命，并加速形成了经济发展新动能，塑造了新型高效的产业体系，可预期对人类生活方式甚至社会结构和运行模式产生深远影响①。智慧化建设也被赋予了更多的含义，更加丰富的数据获取途径、更智能化的分析方法使得精细化和人性化的社会性管理成为可能。经济社会对信息技术发展有着强烈的需求和依赖，人工智

---

① 参见高原：《打开学科围墙　拓展专业空间　迎接人工智能的挑战和机遇》，《新清华》2018 年第 6 期。

能在这种背景下加速发展，人机协同、深度学习、跨界融合、群智增强、大数据驱动、知识学习、增强智能诸多新领域成为人工智能的发展突破口。德勤未来主义学家与世界经济论坛合作发表了《技术未来：预测可能，把握未来》报告，其中详细阐述了未来的可能性和实现这些可能性的方法。报告中，在描述关于人工智能的未来时，认为人工智能技术开始从“判别式”向“生成式”转变，作者写道：“随着信息技术持续从‘要求机器去计算什么’向‘教会机器去辨别什么’演变，密切监控机器的‘教学课程’对于组织、政府和监管机构而言将变得越来越重要。如何发展能体现我们明确公认的财务、社会和伦理价值观的人工智能呢？我们必须教好我们的‘数字化下一代’，训练他们按我们说的做，而不一定要按我们的行事方式去做。”在我国，人工智能相关人文社科领域的研究方兴未艾，有关人工智能社会风险及伦理研究发文数量较多的期刊有：《伦理学研究》《自然辩证法研究》《科学与社会》《中国科技论坛》《西南民族大学学报（人文社科版）》《科技与法律》《自然辩证法通讯》《人民论坛》《理论探索》《电化教育研究》等学术杂志。发文数量较多的机构有：中国科学技术大学计算机科学与技术学院、湖南师范大学人工智能道德决策研究所、东南大学人文学院、清华大学新闻与传播学院、贵阳学院教育科学学院、复旦大学哲学学院、南开大学周恩来政府管理学院、东南大学机械工程学院、东南大学自动化学院、北京航空航天大学马克思主义学院。2010年以来，以陈小平、邓国民、张正清为代表的学者多次撰文，目前已经形成了该学科的研究群体。近年来，有关人工智能的新兴研究主题包括：人工智能伦理教育、人工智能伦理原则、算法伦理、数据伦理、教育伦理知识图谱、CiteSpace公义创新等领域。当前，人工智能相关分支学科理论不断创新，推动在各个经济社会领域落地跃升。与“人工智能伦理、社会风险”相关的国家社科基金也在不断立项，其中，2020年立项3项、2021年立项1项。在立项项目中，有2项属于一般项目，有2项属于重大项目。可以发现，“媒介史视域下的人工智能伦理研究”“人工智能伦理风险防范研究”是当前学界研究的重点。与“人工智能伦理、社会风险”相关的教育部人文社科项目立项数量也在不断增加，其中，2019年立项1项，2020年立项1项，2021年立项3项。在这些立项项目中，有3项属于青年基金项目，有1项属于规划项目，有1项属于青年项目。其中，“人工智能伦理危机下的数字人权与算法治理研究”“基于负责任创新的人工智能伦理治理机制研究”“人工智能伦理困境对消费者态度的影响研究”“基于技术调解理论的人工智能伦理内在路径研究”尤为值得关注。人工智能技术的发展可能聚集和释放的能量已比肩历次科技和产业革命，它不但重构了整个社会协作和秩序各环节，还将深度塑造从宏观到微观各领域的意识与共识。一项新技术不仅能够提供新产品、新产业，而且必然催生人类社会的新需求、新供给、新业态和新制度，并且将深刻改变既有生产生活协作模式和意识形态。

二、人工智能研究并非仅限于理工科

人工智能的应用场景已经涵盖医疗、教育、文旅、城市管理、司法、金融等诸多领域，人工智能技术也实现了从感知智能到认知智能、从大数据学习到小样本学习、从专用智能到通用智能等重要跨越。同时，人工智能与 5G、边缘计算、区块链等其他新兴技术融合发展的趋势已越来越明显。在企业应用优先的环境下，人工智能等一众新技术开始野蛮生长，技术应用的边界全靠企业自觉，行业中还未有社会风险治理的共识。我国信息技术监管多属于事后监管，所以在恶性事件曝光之前，用户的数据权利和社会风险防范仅仅依赖企业的道德水平和社会责任自觉。当前，国家高度重视人工智能的发展，正以“需求导向、应用驱动”“项目牵引、多元支持”“跨界融合、精准培养”为基本原则，瞄准急、短、缺的短板领域，加大人才培养和项目扶持力度，已为我国抢占世界科技前沿、取得人工智能领域引领性原创成果的重大突破奠定了支撑。但也需要看到人工智能发展可能会带来的一系列社会风险。因此，人工智能研究并非仅限于理工科。本书就尝试用伦理学等学科来审视人工智能发展的社会风险及其治理，探讨人工智能项目伦理评审和技术边界控制策略。本章就需要从人文科学的角度简单列举人工智能可能涉及的问题，以为后续章节的展开打下基础。

1. 信息技术的伦理属性

信息技术以其智能迅捷、集约高效为特点，正积极融入公共治理和社会并不断演进重构，形成了全社会的超链接。这种以人为主旨的技术本身就具有天然的伦理属性。信息技术往往在管理者、技术开发者等占有强势地位的主导下实施，处于弱势地位的公众或许无法拒绝和分辨这种技术带来的侵害。这种地位不均衡、信息披露不充分的态势更加彰显出信息技术的研发和应用所具有的典型的伦理属性。本书以人工智能技术前沿理论和技术发展状况为切口，先从技术角度阐释了社会风险是人工智能技术必然伴生的结果，然后深入对人工智能技术风险的成因进行分析。面对人工智能技术可能带来的社会风险，世界各国都在从技术研发、技术管理等方面积极进行制度性预防，相关人工智能的伦理思考和规制也是本书尝试探讨的问题。

2. 人工智能可能催生的社会风险

近年来，人工智能已经被应用于公共治理、应急管理、金融等领域，伴随着高效、便捷和智慧的功能，人类对人工智能也出现了失控和负效应的隐忧。校正人工智能的方向盘，就需要深入研究人工智能发展的社会风险及其治理。如果把现代社会视为风险社会，人工智能技术风险就是当代风险社会的一个重要体现。在人工智能的作用下，公众很容易会在价值判断和行为上被技术异化，尤其是高度指向性的数据标准、技术政策、平台管控等容易使人形成思维定式、行为定式，从而导致人类在事实上形成了被人工智能“驯化”的结果。人工智能技术在医疗卫生等领域有着巨大的应用前景，比如针对新冠疫情量身打造的基于人工智能辅助诊断系统就在疫情防控中大显身手。尽管“新冠肺炎智能评价系统”可进行快速诊断及疗效智能分析，但人工智能在识别算法上容易在特定人群中出错，这也被视为“算法歧视”。此外，个人数据包括识别性极强的生物学数据若被滥用，就会导致产生社会风险的“恶意”。由于人工智能具有信息不对称、技术不透明的知识门槛，因此迫切需要详细探讨如何缩小数字鸿沟以避免产生社会焦虑。

3. 公共治理对人工智能的“路径依赖”

人工智能已深度融入国家治理、社会治理实践过程中，将催生公共管理和社会治理的深刻变革。为了更好完成公共治理职责，人工智能技术已运用于日常安保，可无差别地监控所有人的行动，以期对公共领域实现精确把控，从而达到理想化的安全状态。由于依赖人工智能在信息处理、行为监管、精准决策方面的功能开展工作，导致人工智能管理流程的粗疏、应用范围的失控以及被商业利益绑架都可能产生个人隐私泄露、数据不当收集利用等问题，更凸显了公共治理有效性与社会风险的矛盾。本书论述了人工智能技术发展历程和战略态势以及近年来人工智能伦理和社会风险课题研究的方法与难点及重点。目前，一些行之有效的人工智能公共治理措施在新冠疫情防控中已涌现出较多成功的案例，但切不可因此而对借由人工智能产生的措施和手段形成公共治理的过度路径依赖。公共治理中，人工智能的应用总体上应与人们希望宽松和自由的天性相协调，其问题也需要通过综合力量加以化解、管控，否则就可能导致治理思维的极化，进而使整个社会处于焦虑状态并失去活力。

4. 人工智能伦理评审制度

近年来，人工智能等前沿科技迅猛发展，在给人类带来福祉的同时，也不断挑战着人类的伦理底线和价值尺度。著名科学家爱因斯坦曾坦言："科学是一种强有力的工具，怎样用它，究竟是给人带来幸福还是带来灾难，全取决于人自己，而不取决于工具。"科技创新，伦理必须先行。在电子政务、智能交通、智慧城市以及社会综合治理等领域中，存在着人工智能技术的滥用以及技术依赖和技术至上的现象，有必要通过伦理评审来防范其可能带来的巨大社会风险。对人工智能的伦理评审机制是一个理性的过程，从单纯追求"技术应然"到社会伦理认同的"技术实然"，伦理评审机制将成为实现过程的关键环节。通过全过程伦理评审，确保人工智能能够通过对偏见的测试，并对技术实施过程中产生及扩散的社会伦理风险实现预警和规避。本书从管理创新、治理目标、社会责任和社会共识的观念出发，通过研究人工智能涉及的信息技术伦理的内涵、技术风险的特性、技术伦理评价与技术边界策略，认为中国人工智能社会风险治理经历了技术应然与矛盾冲突、质疑、提出治理原则和框架与回应性治理、法律治理、制度机制落地及技术管控完善三个阶段，加强科技伦理制度化建设，推动科技伦理全球治理已成为全社会的共同呼声。

综上所述，本书提出了我国人工智能社会风险的规避措施，其中包括法律层面的探讨以及探讨人工智能在管理应用中伦理框架和原则，并形成了反思平衡性的人工智能伦理观，以实现人工智能发展社会风险管控和治理，厘清和审视人工智能应遵循的技术边界和伦理规范，以期为构筑起以人为本的国家公共治理体系和治理能力现代化提供深厚的学理支撑。

三、人工智能伦理和社会风险课题研究的方法和角度

人工智能伦理和社会风险研究是近年来的热门研究方向，对于一个偏理工科领域的研究来说，本书希望能从复杂的技术羁绊中梳理出人文哲社领域的研究逻辑。

1. 人工智能伦理和社会风险课题研究方法

人工智能的应用场景已经涵盖医疗、教育、文旅、城市管理、司法、金融等诸多领域，人工智能技术实现了从简单外部信息感知智能到复杂知识认知智能、从大数据学习技术到小样本学习能力、从一般专用智能到复杂性通用智能层次的跨越发展。当今世界，人工智能、云计算、边缘计算、区块链等其他新兴信息技术与其他学科融合跨界发展的趋势已越来越明显。但在研发企业和应用者利润现实和功能优先的环境中，由于缺

乏有效的外部监督和制约，导致了人工智能等一众新技术开始无约束地野蛮生长，技术应用的边界更多依靠研发企业和应用者自觉，技术叠加的社会风险正不断累积。本书尝试用伦理学、法学等视角审视人工智能发展的社会风险及其治理，探讨人工智能项目伦理评审和技术边界控制策略，并在人工智能伦理已有的研究成果基础上，将学科理论进行宏观、中观和微观的不同层次的系统构建，从多个维度建立研究框架（如图1—1所示），围绕人工智能社会风险的社会治理、法律治理、技术治理三个议题展开，就构建以人为本的人工智能社会风险特征与治理责任、人工智能社会风险规则、科技与法律的关系等话题进行深入探讨。

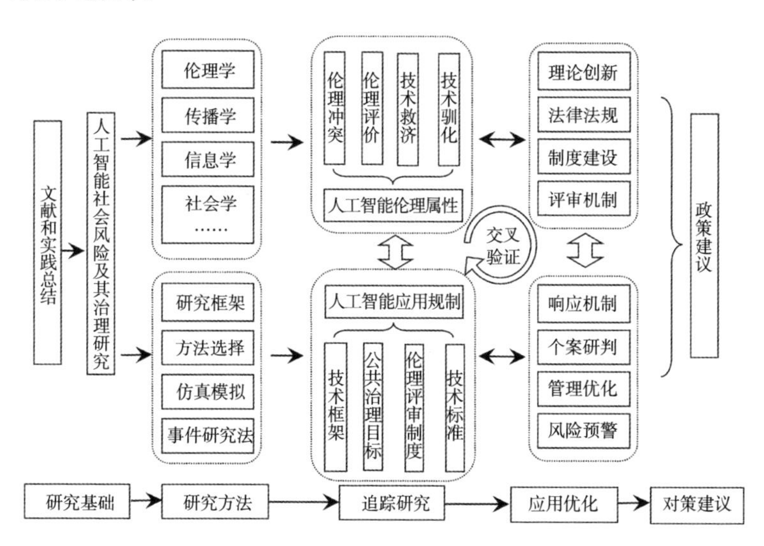

图1—1　研究思路

2. 跨学科综合分析法和系统分析法

研究一类科学技术的人文问题，除了应采用一些常规的研究方法，还要采用跨学科综合研究，如综合信息学、法学、公共管理等领域研究方式，注重以社会心理、伦理导向和公共治理能力提升相结合的研究思路，而不以单一维度的理工科思维审视技术的功能性，并结合中国国情但不过度强调功能目标，同时思考公共治理中实施人工智能项目所面临的问题以及可行的解决方法。把人工智能伦理问题与相应的社会风险防范看成是一个矛盾统一的系统，要防范其社会风险，就要分析其风险来源，探讨与其相关的法律和制度机制，并从技术设计方案、实施环节和技术管理策略以及社会风险衍生等维度筛选出关键变量，再通过梳理各变量与知识科普、社会伦理、舆论舆情、社会心理相互作用的逻辑关系，进而展开比较研究①。

3. 基于事件系统分析的探索型案例研究法

公众对人工智能伦理问题的关注很大程度受到典型事件的激发，例如通过人脸识别和人工智能采集识别特定人群信息以

---

① 倪东辉、程淑琴：《公共治理领域信息伦理研究》，《宿州学院学报》2021 年第 2 期。

及疫情防控中大量个人隐私、行动轨迹和生理信息被采集的议题。这也为我们从事件角度关注公共领域信息技术伦理问题提供了重要的方法路径。

4. 选择合适的研究角度和创新

一是治理目标和技术伦理的平衡。人工智能技术的应用场景和技术策略存在较大差异，针对具体项目技术设计与实施策略进行伦理评审是目前学界公认获得可信结果的关键步骤，但其视角和动机的差异导致该问题的争议未能有效弥合。因此，本书引入了法律的阐释，力图进行现行法律秩序下的理解。二是构建信息技术伦理评审机制。探索人工智能技术突破方向，研究跨学科的认知智能、5G＋AI、边缘计算、区块链＋AI 等未来技术融合与转化以及在多场景下人工智能赋能应用前景，从技术方案、技术测试、安全认证、绩效评估等层面全方位认知社会风险，梳理人工智能伦理规约和社会各主体的伦理责任，为构建人工智能技术应用中的社会风险防范提供理论框架和经验依据。三是对深层次的人工智能技术逻辑、系统、生态需要进行跨学科深入研究。信息技术社会风险研究还有较多空白点，尤其是人工智能伦理冲突表征的滞后性等特点，使得相关研究难度较大。展望未来，更需要跨学科的整合研究力量共同推进学科发展。

第二章

人工智能技术与社会风险

当代科学家充分认识到人工智能理论已成为重大科学前沿问题，相关技术研究不仅推动了当前经济社会的发展，还关乎国家间科技和产业的竞争态势。从国际竞争态势出发，中国在人工智能领域必须实现从跟跑、并跑到赶超，应深耕人工智能应用基础性和前沿性理论，有效组织和深入布局可能引发人工智能范式革命的学科基础理论与前沿性关键核心技术，鼓励促进人文学科结合人工智能进行跨学科融合交叉研究，探索创新产学研用金联合体模式，面向国家重大需求，发挥产学研协作效率，加快人工智能科技成果工程化、产业化，为人工智能可持续发展与高质量应用提供优厚政策支撑和雄厚的人才、理论和技术储备[①]，力求打破国外平台市场的技术垄断。

一、新一代人工智能技术与理论

人工智能应用领域包括专家系统、语音识别、人脸识别、智能机器人、无人驾驶、智慧家居、金融量化交易系统、应急管理智慧系统、社会服务与治理智慧体系等。人工智能技术已被应用到生产生活各领域，其基础理论已日趋完善。人工智能基础理论研究方向分为人工智能应用基础理论、人工智能前沿基础理论研究、人工智能跨学科探索性研究三个方向。人工智能的三大核心要素是数据资源、智能算法和运算能力，其分支学科和技术研究也是围绕三大核心要素展开的。按产业链结构层次划分，人工智能可以分为聚焦于数据资源、计算能力和硬件平台（包括芯片研发的基础技术层）和着重于算法、模型及可应用技术的人工智能技术层面以及人工智能应用层面。人工智能算法研究类型多样，一般可分为计算智能算法、感知智能算法、认知智能算法。根据技术智能化程度，又可分为弱人工智能、具有自主意识类人智慧的强人工智能、超越人类智慧的

---

① 参见《国务院关于印发新一代人工智能发展规划的通知》，中国政府网，https：//www. gov. cn/zhengce/2017－07/20/content _ 5212066. htm.

超人工智能[①]。人工智能应用领域是将人工智能技术与各应用领域结合起来的领域，如无人机、机器人、辅助决策、虚拟客服、图像识别、语音识别与输入等。

（一）人工智能理论体系分类

1. 人工智能前沿理论研究

此领域的研究看似为基础理论研究，实则决定人工智能科技范式革命可能的方向，并深耕于高级机器学习、深度学习、类脑智能计算、量子智能计算等算法理论研究。比如，深度学习技术从底层硬件开始，可以直接像搭积木一样使用框架内的各种模型，从而大幅度降低应用成本，提高技术开发的效率。高级机器学习理论的研究重点是突破已有的自适应学习、自主学习等传统理论方法，赋能系统具备复杂知识的高可解释性、强泛化凝练能力。类脑智能计算理论则重点研究脑科学机制，模拟人脑功能形成类脑的信息编码解码、记忆与信号传递、学习与逻辑推理理论，以形成类似人脑机制的复杂系统及类脑意识和思维控制等理论与方法，并在上述理

① 参见张文杰：《基于风险社会视角下的人工智能技术风险》，《中小企业管理与科技（中旬刊）》2019 年第 1 期。

论基础上建立大规模类脑智能计算模型和模拟人脑范式的认知逻辑计算模型。量子智能计算研究量子力学和量子通信等分支学科的理论，探讨通过调控量子信息单元进行量子化计算，以此建立高计算性能的量子计算机，并在量子计算机上运行量子算法，该技术的计算能力想象空间巨大，一旦突破量子加速机器学习方法，可形成高效精确自主的量子人工智能系统架构①。

2. 人工智能应用基础理论

目前，人工智能的应用研究细分方向较多，常见的有人脸识别、无人机协同、舆情研判和智能客服。这些应用的基础理论是基于对大数据智能、图像识别、跨媒体信息抓取与感知、人机智能交互、群体智能、自主协同与决策等基础理论的研究，若要形成人工智能的产业化应用，必须聚焦人工智能基础理论并深耕升级的产业化探索。比如，通过大数据智能突破无监督学习技术瓶颈，在产业化道路上，通过建立数据驱动的认知计算模型，形成从简单数据到复杂知识、从复杂知识到最优决策的嬗变。比如，借助机器学习、自然语言处理和神经网络

① 参见刘党生：《让 AI 拥抱学习》，《中国信息技术教育》2017 年第 Z3 期。

等方法，可以帮助安全分析师区分目标信号和环境噪声。人工智能可以通过模式识别、有监督和无监督机器学习算法、预测性分析和行为分析助力识别和抵御攻击，自动检测异常用户行为、异常网络资源分配或其他异常情况，人工智能可用于同时保障组织网络内部架构的安全。混合增强智能理论也是近年来人工智能的研究热点，它可通过对人机协同共融的情境理解与决策逻辑学习、直觉推理架构与因果推导模型等理论展开研究，系统化模拟人类记忆与知识演化过程，以期达到类人或超人工智能知识学习与逻辑思考水平。群体智能理论研究可通过将分散个体有效组织为群体智能涌现、群体协作与群体秩序建构的理论与方法，建立可表达、可计算和可反馈的群智激励算法和模型，形成网络化群体协作架构。自主协同控制与优化决策理论着眼于诸如自主无人系统的外部信息研判、多系统协同感知与交互、自主协同控制与优化策略决策、知识驱动的人机物多元协同与互训、互操作等理论（典型场景是无人机群的战场响应与自主协同），可形成自主智能无人系统创新型理论体系架构①。

---

① 参见《国务院关于印发新一代人工智能发展规划的通知》，中国政府网，https：//www.gov.cn/zhengce/2017—07/20/content_5212066.htm.

3. 人工智能跨学科探索性研究

随着人工智能研究和应用领域的拓展，跨学科融合研究成为了新的需求。因此，我们不仅可以看到人工智能正不断与医学领域的脑科学、神经科学和认知科学相结合，其还在与人文科学领域的哲学、管理学、社会学、心理学、军事学、经济学、政治学等学科不断交叉融合。新的学科范式不仅强调对纯人工智能技术本身的研发，而且还加强了对引领人工智能算法、模型的建构与具体问题和场景应用结合研究，并重视对人工智能与伦理学、法学、政治学相关社会问题研究。通过人工智能领域科学家与人文社会学者的深度碰撞，人工智能研究与社会需求形成紧密结合，提出更多社会共识基础上的社会治理、风险应急、经济发展等人文领域原创理论。人工智能（或任何其他技术）本身无法解决当下或未来复杂的安全挑战。人工智能识别模式和自适应学习能力可以加快检测、控制和响应的速度，有助于减轻 SOC（安全业务分析）分析师的沉重负担。同时，其也会改变分析师的角色，帮助分析师从警报分类等低级技能转向更具战略性、主动性的活动。随着人工智能和机器学习驱动型安全威胁的要素开始涌现，人工智能可以帮助安全团队为应对人工智能驱动型终极网络犯罪做好准备。

（二）人工智能分支学科理论体系

在人工智能分支学科研究方面，目前已经形成了诸多的理论体系，具体包括以下几个方面：

1. 大数据智能理论

大数据是基于信息技术和网络产生的海量数据发展而来的研究领域，数据指数级积累蕴含巨大的价值，为人工智能提供了计算数据来源和知识基础支撑。人工智能受益于信息技术在数据采集、存储、算力等环节的突破，已经历了从简单算法到数据库逻辑，再到机器学习，再到大知识演绎的能力进化迭代。通过数据驱动、知识引导与现实问题和矛盾相结合，人工智能研究新范式已实现了各部门目标以及与中央的战略统一或协调性。以人类自然语言分析理解和图像图形认知识别为目标的人工智能认知计算理论与方法逐步成熟，综合深度推理与创意人工智能理论与方法不断涌现，非完全完整信息条件下智能决策基础理论与框架被提出，数据驱动的通用人工智能数学模型日渐完善，新理论也实现了通过“假说—测试—学习—验证—优化”的数据闭环反馈循环和多维信息验证与迭代。在众多信息技术分支领域中，“大数据”的社会知名度较高，在社会各领域中应用广泛，也推动了社会各类管理范式的变革。

2. 跨媒体智能感知计算理论

跨媒体智能感知计算理论是综合感知视觉、听觉、语言等多维度信息，研究如何通过复杂场景信号主动感知、信号识别，形成自然环境条件下声音言语与物体图像分析感知的多媒体形式信号自主学习的技术路线，可实现对外部信息的低成本低能耗智能感知、超人感知和高动态、高维度、多模式分布式大场景感知。跨媒体智能感知计算理论研究主要围绕智能存储、跨媒体感知计算、跨媒体智能知识表征描述与生成、智能信息检索与学习、跨媒体知识图谱构建挖掘与推理、跨媒体知识关联展示等领域展开，并可依次完成感知识别、分析检索、加工推理、决策预测，其具体包括面向真实世界信号源的能够超越人类自然视觉感知能力（光谱分析与目标识别）的主动听觉、视觉感知及计算、自然声学场景（声谱分析与环境降噪）的听觉感知及计算、自然噪声环境的言语识别与分析、面向多媒体知识获取的智能感知和深度学习、现实城市场景的全维度信息智能感知和逻辑推理引擎等。跨媒体智能可以突破以往单一来源媒体信息处理的局限，实现跨媒体贯通融合智能处理[①]。

---

① 参见武慧君、邱灿红：《人工智能 2.0 时代可持续发展城市的规划应对》，《规划师》2018 年第 11 期。

从技术属性看，跨媒体智能具有跨模态和跨平台属性以及媒体数据的社会性属性、丰富的社会情绪表达和呈现力属性。

3. 混合增强智能理论

该理论将人的主观作用或人的认知模型引入人工智能系统，通过人机互补、人机协同和人机融合形成“混合增强智能”的多维协同技术形态。通过基于人机智能共生协同行为增强，形成了人脑与机器协同、机器直觉推理与因果反馈模型、联想记忆与知识逻辑演化模型、复杂数据和任务执行学习方法、机器人群组协同计算方法、复杂环境下真实情境理解及人机群组协同多种研究方向。实践证明，通过混合增强智能，可以更加高效地解决复杂问题。例如，根据阿里研究院的报道，瑞士苏黎世联邦理工学院（ETH）的研究人员开发了一种新的机器学习方法，可以自动检测机器是否健康或需要维护。现有信号处理和数据分析方法可将声音表示为一组小波（小波变换），机器设备或机车车辆在正常运行时与出现故障时发出的声音不同。新的机器学习方法可以使小波变换完全为机器掌握，使智能算法能够自动执行声学监测和声音分析，并可根据声音判断机器是否处于良好状态以及是否需要维护或紧急维修。

4. 群体智能理论

在前文中，我们已阐述了群体智能理论研究将分散个体有效组织为群体智能的涌现、协同的理论与方法，类似于管理学在组织管理中形成高效群体协作的效果。通过建立可表达、可计算的群体智能激励算法和模型，依托跨学科创新理论，可实现技术生态环境下重组群体智能，进而形成去中心化的自组织行为网络化架构。群体智能理论上的效率更高，而且具有强烈的社会属性。例如，蚁群算法就是模仿蚂蚁在寻找食物过程中寻找优化路径概率的模拟进化型算法，该理论从强调专家的个人智能模拟走向群体智能，它的研究内涵不单是关注精英专家团体，而是类似遵循简单规则的简单生物群体，其可以表现出惊人的复杂性协作效率，甚至是群体创造力，进而形成模拟生物进化优化的方法。基于这种简单个体复杂协作的逻辑，群体智能致力于研究群体智能结构理论与简单智能体社会化、去中心化条件下的组织方法，因此演绎出了现实群体智能激励机制与涌现机理、群体智能学习和行为互训等计算范式与模型。具体而言，通过网络化组织结构，在目标导向和利益驱动下，人工智能系统或机器能够相互吸引、汇聚，从而实现管理去中心化的大规模各类参与者，并把外部信息表征转化为数学问题，通过解析复杂问题的数学模型，以竞争和合作等多种自主协同方式来共同应对挑战性任务。例如，在战争中，协调数以万计的无人机组成的无人机攻击群，使它们能够完全自主进攻但又相互协防，具有目标坚定实现和战术随机应变的能力。2022年，浙江大学控制科学与工程学院自主研发的AI无人机，不仅可以实现单机精准规划路线和巧妙避障，还能通过机载视觉、机载计算资源在未知复杂环境中实现集群智能导航、自主避障和协同飞行。未来群体智能的构造方法和模型从单调逻辑转化为开放和涌现的模型，智能计算模式从强调“中央集中控制”模式转向去中心化的“群体自由协同”，特别是在未知环境下的复杂系统决策任务，如战场情报收集与战术攻击、无人机集群能够更好完成任务等。通过群体智能算法的加持，未来将涌现出更多的超越人类智力的智能形态①。

5. 自主协同控制与优化决策理论

对于决策与控制所面临的挑战，就要用到控制理论。智能控制与人工智能同源同根，都源于20世纪30年代提出的图灵机和自动机研究。面向自主无人系统的协同感知与交互研究，必须要考虑无人系统以及社会性系统所处环境的复杂不确定

---

① 参见温广辉、吴争光、彭周华等：《人工智能2.0时代的群体智能理论与技术专题序言》，《控制工程》2022年第3期。

性，在有限信息源的情形下难免需进行小信息量决策。面对支撑决策信息的零散化、低时效和不完整以及通信受限和数据传输时滞，智能自动机、移动自动机等概念和原型系统相继诞生。通过提高多智能体协同优化决策，实现了知识驱动的人机物多元协同优化与互参照、互操作，从而对任务完成更加有效和高效。例如，一个由澳大利亚、新西兰和印度科学家们组成的研究团队宣布，他们已经将面部识别技术提升到新的水平，可在不使用手持控制器或触摸板的情况下，利用表情变化在虚拟现实环境中实现物体操纵。研究人员使用神经处理技术捕捉被试者三种不同的面部表情，利用每个表情触发虚拟现实环境中的特定动作，从而以表情代替手持控制器执行动作命令。该技术可提供一种 VR 新方式，将允许包括截肢者和运动神经元疾病患者在内的残疾人在 VR 中获得更好的体验，或推动生物识别与人机交互领域的发展。

6. 高级机器学习理论

20 世纪 80 年代以来，学界高度重视人工智能的机器学习算法和技术应用。通过研究和模拟人类学习认知活动，在此基础上，高级机器学习通过多领域交叉研究实现了应用的新突破。是否具有学习能力已成为“智能”的一个评价标准，其效率可能远超人类（如图 2—1 所示）。高级机器学习已成为人工智能中最具智能特征的前沿研究领域。如今，科学家们通过应用统计学方法研究复杂函数、不确定性推理与决策、分布式学习与交互、隐私保护学习、深度强化学习、无监督学习、小样本学习、半监督学习、主动学习等一系列算法理论和技术模型，实现了对复杂事务的认知和信息分析传递。高级机器学习技术不仅在一般知识系统中得到应用，而且已经应用在自然语言理解、隐喻句意分析、非单调推理、密码解析、虚拟和实物模式识别等领域。机器学习通过选择数据、训练数据构建模型、验证测试模型，使用模型来进行预测，最后再调优模型。无论是传统机器学习还是面向大数据环境的机器学习，学界都在聚焦使用更多数据、不同的特征或调整过的参数来提升算法的性能，以提升从巨量数据中获取隐藏的、有效的、可理解知识的能力。

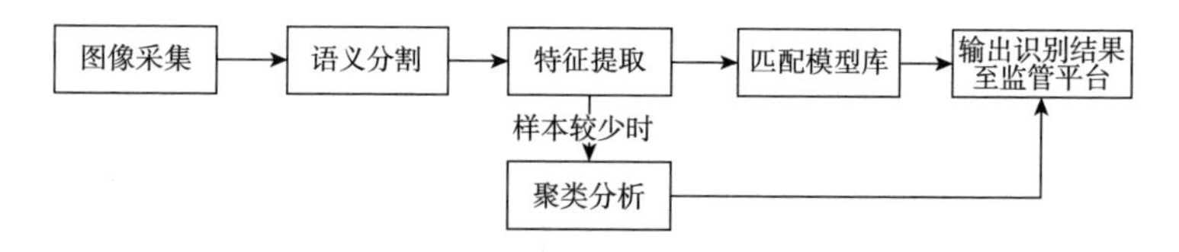

图 2—1　基于深度学习的智能分析算法图

7. 类脑智能计算理论及芯片技术

人类不仅能够记忆、思考，还能形成创造性的意识。因此，类脑智能研究一直是一门显学，以至于埃隆·马斯克声称他的公司正在进行脑机通讯的研究震动了世界。基于人脑复杂的结构和功能，模拟人脑形成类脑智能计算，并在芯片制造即将到达物理极限的情形下创建新的芯片组件以趋同人脑结构，形成更为高效的计算基础芯片，这显然令人向往。在该领域，通过研究类脑感知、类脑学习、类脑记忆机制，能够形成人机计算融合、复杂性类脑系统、类脑控制等理论与方法。从底层技术看，类脑智能计算是一种基于人类神经形态，借鉴人脑信息处理方式，通过类人脑芯片，旨在打破“冯·诺依曼”架构束缚和现有硬件物理局限性，以实现智能计算更优的性能结果的技术。比如，适用于实时处理非结构化信息、具有学习能力的超低功耗新型计算芯片。类人脑芯片力图在基本架构上模仿人脑的工作原理，使用神经元和突触的方式替代传统架构体系，使芯片能够具备进行异步、并行和分布式处理信息数据的能力，同时具有自护感知、识别和学习的能力①。德国弗赖堡大学和微系统技术研究所的研究团队开发出了一种器官芯片系统，可通过微传感器实时测量和控制细胞的培养条件及代谢率，以精确监测体外 3D 肿瘤组织。该研究团队创建了一个集成微传感器和微流体的芯片设计，可直接原位测量细胞代谢

---

① 李旭、苏东扬：《论人工智能的伦理风险表征》，《长沙理工大学学报（社会科学版）》2020 年第 1 期。

物。研究人员还将 3D 组织模型通过人工电路相互连接，使其能在体外观察肿瘤生长等生理过程。该平台可实现肿瘤类器官的动态 3D 培养以及检测药物对细胞代谢的影响，使利用患者自身干细胞在体外复制原始肿瘤成为可能。新的器官芯片系统为个性化治疗提供了新机会，未来有望帮助对药物进行有效性和副作用的初步测试。

8. 量子智能计算理论

人工智能发展的高度与速度受到算力限制，如何高效处理海量的数据，硬件条件是一个关键因素。虽然现在有些成功的路径可以解决这一问题，但不久的将来其仍会受到算力瓶颈的制约。科学家把解决问题的希望寄托在量子计算机方向。量子人工智能就是量子计算机在人工智能领域的应用。量子计算机遵循量子力学规律进行高速数学和逻辑运算，可存储及处理量子信息。基于量子计算探索脑科学认知的量子模式与内在逻辑机制，通过建构高效的量子智能模型和算法，利用高比特的量子智能高性能处理器，可实现与外界环境交互实时信息的量子化人工智能系统[①]。现有的成果已经展现出了其强大的能力。

---

① 参见《国务院关于印发新一代人工智能发展规划的通知》，中国政府网，https://www.gov.cn/zhengce/2017-07/20/content_5212066.htm.

新一代量子与经典统一的机器学习框架将量子与经典统一，支持量子机器学习和经典机器学习模型的构建与训练、经典量子混合运算，连接超导量子计算机加速机器学习模型中的量子线路计算。机器学习框架通过经典神经网络模型、量子与经典神经网络混合模型等更多复杂模型的构建，实现了图像处理、信号处理、自然语言处理等更多应用场景落地。英国牛津大学QuantrolOx公司正在使用机器学习来控制量子位。QuantrolOx的系统将能够更快地调整、稳定和优化量子比特，可应用于几乎所有标准量子计算技术。QuantrolOx公司认为，当下的手动调整量子位的方式是缓慢且不可拓展的，尤其是在量子设备不断进步的情况下更是如此。该公司的新技术将有望帮助研究人员加快设备测试的过程。当然，在量子测量、量子计算和量子通信领域，美国和中国仍处于世界领先地位。

二、人工智能技术需求及技术供给

围绕人工智能的理论体系研究正如火如荼地展开。在理论基础上，攻关人工智能关键共性技术是现实的迫切需求。人工智能三大核心要素是算法、数据和硬件，人工智能关键共性技术是在以上三个维度下建构提升信息感知与知识识别、认知逻辑与知识推理、动态任务执行与人机信息交互能力，以形成高效、兼容、稳定可靠的技术体系①。

（一）人工智能技术需求

大数据、云计算、物联网、移动互联、人工智能、三维BIM等一系列技术正日新月异地发展着，在技术迭代基础上的“互联网+”“智慧+”“工业4.0”等概念也相继被提出并付诸实践②，促使工业生产模式和社会运行模式发生着重大变革。传统产业规模大幅增长后，简单劳动、运检等管理工作量日渐繁重，但生产、管理和技术人员增长有限，人与事结构化、成本控制问题突出，因此需要信息技术辅助传统产业模式形成效率迭代。随着传统产业无人值守、运维一体化、“2+N”③值班模式的推进，人员能力已经基本挖掘尽，运检与管理工作量与运检人员数量的矛盾开始日益突出。除了传统产业所面临的

---

① 参见《国务院关于印发新一代人工智能发展规划的通知》，中国政府网，https://www.gov.cn/zhengce/2017-07/20/content_5212066.htm.

② 参见鲍现松、吴晖、胡红霞：《基于“人工智能”的变电站智能运检管控系统》，《通讯世界》2019年第2期。

③ 部分行业（如国家电网）为了优化运维值班方式，提升运维工作效率，保证应急响应时效，双变电运维班采用“2+N”值班模式，“2”为2名24小时倒班人员，采用轮换值班，简称运行班；“N”为正常白班人员，夜间不值班（必要时可留守备班），应急工作保持24小时通讯畅通，随叫随到，简称操作班。人员采用大循环轮换。运维班满员每日可达到12人（2+10），在不增加人员情况下，提升50%人力资源效率。

难题，各层面的社会管理工作也面临着相同的矛盾和尴尬局面：例如 2022 年上海疫情防控期间出现的混乱的物资供给问题，一定程度上并非基层街道干部的不努力造成的。物资供应涉及复杂的物流链条信息整合、居民需求信息分析和匹配等复杂问题，传统的管理模式难以对此进行处理，这也就导致了服务环节的崩溃。

1. 传统产业需求分析

智能机器人对简单劳动替代的优势在此我们就不再累述了。基于人工智能的系统可针对生产区域内的设备进行远程巡视，并可在厂区内建设站端系统，部署视频设备和音频采集设备，进而将深度学习、模式识别、神经网络技术应用到巡视可见光图像、声音等源数据信息抽取中，既能够实现以传统人工经验的主观判断的识别模式转变为基于图像、声音识别的机器自动识别模式，又可实现设备巡检缺陷图像分析、声音识别等功能（如图 2—2 所示）。这种系统能够替代人工巡检，不仅能够有效避免安全事故和人为失误，还能减轻运维工作量。巡检设备通过利用可见光图像，能够进行设备外观异常、缺陷识别及机器设备异常工况的图像和声纹识别，并采用先进的深度学习技术对设备状态参数等来对设备工作情况进行全面采集和分析，充分体现了安全性、先进实用以及面向一线、运检高效的特点和优势。智能系统在不同的应用场景可实现建设状态全面感知、信息互联共享、人机友好交互、设备诊断高度智能、生产运检，同时，智慧工厂和智慧设备也使生产效率得到大幅提升，支撑“数字赋能”产业升级。此外，基于人工智能的系统在智慧教学行为分析方面也有现实需求，其以具备大规模、高并发、低延迟、快速扩容的音视频互动云能力为支撑，以具备人工智能视频分析功能的智慧录播系统为软硬件依托，可依据相关教育教学理论及建立的课堂教学行为分析指标体系，在信息安全和隐私保护相关规范指导下，利用安装在教室各个方位的摄像头、拾音器、师生移动终端等相关设备进行课堂教情数据、课堂学情数据的采集，进而充分发挥课堂教学数据的实际应用价值。其中，课堂教情分析基于 S－T 行为分析、RT－CH 教学行为分析的模型建构，能够对教师教学行为、教学互动、教师轨迹、课堂关键词、教师提问、教师语速、课堂文字等进行采集，并能够实现自动化的以教学行为多模态数据作为输入变量进行计算，输出相应的教学行为状态结果。利用课堂学情分析，通过建立认知行为与学生头部姿势及面部表情行为的特称关系，能够构建基于人脸检测与表情分析的课堂学情评价系统，并通过采集班级出勤率、学生课堂关注度、学生动作、学生表情数据，分析与评价学生对课堂教学的关注度、参与度和预计活跃度。

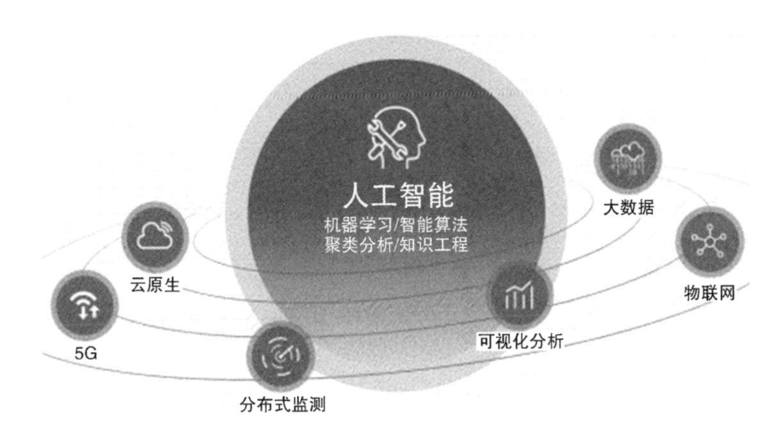

图 2—2　人工智能在传统产业应用图

2. 在社会和组织管理中异常信息发现的需求

当前，社会各界都在尽量避免风险事件的发生，因此，管理人员需要每时每刻关注单位业务、员工和服务对象异常情况，往往费心费力，结果往往还是百密一疏。此时，通过大数据和人工智能系统建立各类预警系统，进行譬如“员工和服务对象异常行为预警”“网络舆情预警”“人员资源实时情报”等辅助工作，可大大降低风险事件的发生概率，或起到在发生风险事件时第一时间引起响应、发起预警的效果。如果员工和服务对象的行为轨迹偏离正常轨迹阈值，系统就会及时通知相关人员，便于提前干预规避可能的风险。最为常见的就是学校安防系统的智能化升级。这类系统由视频监控系统、音频采集系统和主站系统三部分组成。系统采用深度学习框架，可进行智能分析、自动识别，通过将算法植入嵌入式低功耗 GPU 分析板进行前端实时分析，能够保证算法分析的实时性。平台采用模块化设计，提供人机友好交互界面，由站端视频监控系统和音频采集系统获取的音、视频流传输到站端智能分析处理单元进行识别分析，可实现对环境状态及风险的监测，并将分析结果和处置措施逐级上推至分职能部门终端系统和校级情报系统，以实现分级同步管理。

3. 决策信息辅助的需求

无论是一般社会管理数字化建设，还是具体部门和单位的信息化建设，其在建设过程中都积累了海量的各类数据。总体而言，现有的业务数据已经能够满足大数据分析中数据量大小和数据维度的要求。有效利用相关数据进行挖掘分析，可以全面展现特定人群和组织现状以及分析可能存在的风险，尤其是通过数据的推演，有些人工智能决策系统可以预测问题可能的发展方向，进而提供多种解决路径和方法，并通过智能计算推荐最优解决方法，让复杂问题的决策更科学客观。尤其是知识爆炸时代，面对海量信息，一般管理者和工作人员无法在跨专业和有限信息量背景下进行精准决策，需要大数据技术、人工智能预测决策技术来帮助实现精准决策，以让社会和单位的整体发展情况实现数据化和可视化，进而从传统经验决策模式转向数据驱动精准决策模式。比如，法官在办案过程中，在诉前调解、立案审查、庭前准备、庭审质证、裁判文书制作等各个环节都需要根据起诉状、庭审笔录、答辩状、代理词等大量的卷宗内容进行梳理和总结，之后提炼出案情相关关键词，然后根据关键词，通过不同检索引擎、纸质资源查找类案、法律法规、期刊、图书、专家观点等海量审判知识资源以辅助裁判说理。对于当事人在其他省份的涉案信息，法官只能通过中国裁判文书网等公开渠道获取，不但费时费力，而且无法获取全部案件数据，导致案件办理的时间大大增加。此外，法官重复性、事务性工作过多，不仅会影响案件审判效率，甚至可能产生类似案件裁判尺度不一的情况出现。为此，需要提升审判质效，以促进司法为民、推进司法公正。近几年来，在法院信息化工作中实行的电子卷宗随案同步生成工作，保障了一个案件能够形成丰富的电子卷宗文本信息。在此基础上，运用大数据和人工智能技术全面建设“智慧法院”，可按需提供精准智能服务，并基于电子卷宗的文字识别、语义分析和案情理解能力，通过与电子卷宗深度融合智能解析，从而快速构建案件的语义画像（包含案由、案情事实、争议焦点等要素），同时，“智慧法院”这种智慧审判系统还可基于语义画像从海量法律知识资源库中发现相似案件、相关法条、司法观点，为辅助法官办案、梳理法律条文、提高审判裁量质效提供有力支撑。智慧审判系统可以深挖法律知识资源潜力，通过对海量案件案情知识进行梳理分析，利用深度学习加深对案件分析和提高法律条文理解能力，并通过对案件事实、争议焦点、法律适用进行类脑智能归类推理，实现对法律、经典案例、专业知识的精准化有效供给，进而形成较为准确的司法审判辅助意见，不仅能够补足办案人员的知识瓶颈和经验短板，促进法官实现类案同判的司法公正，还能够有效推进“智慧法院”的建设。在现代教育发展过程中，基于人工智能以及大数据等信息技术，可以围绕教师智能教学助手应用、未来教师培养模式创新、大数据应用与管理等内容建立教师智能化监测评价体系，并以此来改进教师管理工作。随着智能教研、师生数字画像的建设，可形成人工智能等新技术条件下的教师队伍建设新机制和新路径，以服务高质量教育体系建设，优化教师服务，创新区域教育基本公共服务方式，形成个性化教育公共服务新形态，构建智慧教育生态，促进教育均衡发展，加快教育现代化发展进程。

（二）人工智能技术供给类型

1. 知识计算加工与知识供给服务技术

当前，各领域都需要高度自动化、体系化的知识管理系统。因此，需要围绕深度信息搜索集成、知识计算加工和信息可视化呈现等交互核心引擎技术，重构知识的供给呈现模式，研究知识推介与呈现、信息可视化为核心的智能化知识服务技术，以建立面向科学技术领域、社会科学领域等全领域的细分行业知识资源总库。技术策略能够结合企业、机构和个人的核心业务和战略决策需求（如法官审判需求），构建系统、全面的专业知识体系，并以精准化、系统化、场景化、智能化、协同化的知识创新服务全面支撑用户提升核心竞争力。例如，百度 AI 文心一言与美国科技公司 OpenAI 研发的 ChatGPT① 都使用了 SFT（模型微调）、RLHF（从人类反馈中进行强化学习）以及 Prompt（提示）作为底层技术。此外，文心一言还采用了知识增强、检索增强和对话增强技术。前文我们所提到的法官判决系统和图书情报智能分析系统，这些系统在处理大

---

① 2022 年 11 月 30 日，微软旗下的人工智能研究实验室 OpenAI 发布了聊天机器人模型 ChatGPT（英文全称：Chat Generative Pre-trained Transformer）是人工智能研究实验室 OpenAI（开放人工智能研究中心）发布的聊天机器人模型，使用强化学习算法进行训练，ChatGPT 的学习能力比以往的人工智能产品更强，能够回答人类提出的各种高难度、复杂的问题。它以对话的方式与用户进行交互，通过模仿从互联网整理的庞大文本数据库中的语言统计模式来生成回答。2023 年 1 月末，距离发行仅过去两个月的 ChatGPT 已经获得 1 亿月活用户，2 月 7 日，微软宣布支持 ChatGPT 的技术整合到最新版本的必应搜索引擎和 Edge 浏览器中。ChatGPT 的功能比较简单，采用一问一答的方式。由用户提出问题，ChatGPT 给出答案。

规模数据时能够实现知识发现、收集和加工，实现持续自动对增量知识数据清洗、识别与获取，并通过算法完成从定量到定性概念的特征值识别、实体知识发现、阈值研判分析、属性归类分析、知识演化建模和关系逻辑挖掘，进而形成多源异构类型数据的跨媒体特征知识图谱和知识深度加工①。

2. 跨媒体分析推理技术

传统媒体信息处理模型只能针对单一形式的媒体数据进行推理分析，而现实中面临的任务往往需要协同综合处理图像、语音、文本识别等多种形式异构的信息。在此类工作中，人工智能系统通过构建分析推理引擎形成复杂的知识关联关系和逻辑结构，构建群智知识表示框架与群智空间的服务体系结构，形成了比单一媒体对象更加全面的可理解内容信息及其蕴含特定模态，进而推动跨媒体群体智能协同决策与控制技术。例如，在网络舆情监管中完成网络舆情监管任务，需要在跨媒体检索、跨媒体推理、多媒体内容监管、网络舆情分析、情报收集、反恐反谍等场景下进行，都需要跨媒体分析与推理技术的加持。跨媒体分析推理技术可通过对多源信息的整合分析利用

① 《国务院关于印发新一代人工智能发展规划的通知》，中国政府网，https：//www. gov. cn/zhengce/2017－07/20/content _ 5212066. htm.

以及研究大规模协作的跨媒体信息统一表征、关联知识逻辑理解与特征知识挖掘、知识图谱构建与学习、知识演化与关系推理、跨媒体分析推理引擎与决策交叉验证、特征定性描述与生成等功能，实现跨媒体知识主动感知与发现、表征分析、挖掘推理、验证审核、演化和信息推送呈现①。

3. 混合增强智能架构和技术

混合增强智能系统是建立在传感器件等硬件和混合认知计算架构等算法的基础上，通过直觉推理与因果模型、记忆和知识演化来构建出的自主适应环境的认知计算框架、混合计算架构、人机协同学习技术、平行管理与控制的混合增强智能框架等人机混合增强智能系统。在许多领域，人类无法轻易接受系统的错误判断，如医疗诊断的失误导致的死亡等。因此，在行业风险管理以及在线智能学习、医疗诊断、无人驾驶等场景中应用人工智能系统时，为了保证过程合规和结果精准，需要引入人类专家参与监督和验证。这时，就需要将专家的知识与智慧和智能系统进行有效结合，通过交互解决问题。由于许多现实问题具有不确定性和开放性特征，一般智能技术无法有效予

---

① 参见刘党生：《让 AI 拥抱学习》，《中国信息技术教育》2017 年第 Z3 期。

以处理，此时就需要借以人的认知模型来强化人工智能系统。除了人在回路的人机协同混合增强智能技术以外，就是将认知模型嵌入机器学习之中来提升人工智能的性能，实现人机协同的感知与行为执行一体化协同，并通过人机协同更加高效地解决复杂问题。混合增强智能能够使在线教育、风险决策、智能医疗诊断成为一个可追溯、可干预验证的过程。

4. 自主无人系统的智能技术

无论是无人机、无人船舶、无人轨道驾驶还是其他服务型机器人、空间等智慧自动系统，都要依赖自主无人系统计算架构、复杂动态场景信息感知与解构、电子设备智慧控制、实时位置定位以及面向复杂环境的无障碍智能导航和避险等共性技术，才能实现从智能无人控制机器单体到智慧群体的转变。例如，无人车间、智能工厂都需要高端智能控制技术和高效协同的自主无人操作系统。2022 年 5 月，麻省理工学院计算机科学与人工智能实验室的研究人员宣布开发出了使用电磁体重新配置的机器人立方体。这个名为 ElectroVoxels 的机器人立方体不需要电机或推进剂来驱动，可以在微重力下运行。研究人员将电磁铁嵌入到立方体的边缘，通过立方体彼此排斥和吸引，使机器人能够旋转、移动并迅速改变形状。由于 ElectroVoxels 是完全无线的，因此研究人员能够通过一个软件规划器来可视化重新配置并计算底层的电磁分配，只需简单操作即可控制上千个立方体的移动、旋转、组装。ElectroVoxels 并非一个单一用途的机器人，多种小型的模块可以组合在一起，构建出具有各种功能和类型的结构。ElectroVoxels 体积虽小，却可在太空探索方面发挥相当大的作用。这些机器人将会缓解外太空的不利生活条件，允许人们在地面上进行大规模、可重构的操作。

5. 虚拟现实智能建模技术

虚拟客服、元宇宙、数字孪生等领域需要研究虚拟对象智能行为的数学表达、虚拟社会行为规则体系与虚拟环境建模技术，以解决虚拟对象与现实、虚拟社会环境和客户间进行自然语言、脑机接口、肢体行为和情绪交互等过程中出现的问题，典型代表技术就是元宇宙和数字孪生。通过虚拟现实智能建模技术，可以提升参与虚拟现实中多维智能对象行为的社会性、复杂环境交互的现实还原逼真度。当人置身其中时，可以体验虚拟与现实间人与物、人与社会、人与人的高效互动。数字孪生是指借助信息技术来刻画一个跟现实世界实体高度逼真的数字孪生模型，或称为数字孪生体。数字孪生技术可以根据人类从出生到成长过程中的所有数据以及其父母的遗传病史等信息建立数字虚拟模型，这个数字模型相当于人体的数字双胞胎，它可以帮助判断、推演人体未来的健康状况，进而提前进行干预。数字孪生人具有与人共生的特点，也就是数字孪生中的数字模型应该与其对应实际人的全生命周期相映射，并实现与人体的各项变化同步更新，通过给现实物理对象建立数字化的虚拟模型来实现物理对象与数字模型之间数据和信息交互与关联。数字孪生技术并不是在虚拟世界中制造“新世界”，而是利用数字孪生技术提供分析、推演和决策辅助。例如，模拟复杂社会性事务运行机制，开展辅助分析和预防演练等。

6. 智能计算芯片与平台系统

无论是看似简单的人像美颜还是复杂的人工智能系统，都需要高能效、可重构类脑计算芯片、类脑视觉传感器、环境感知芯片与具有优化成像计算功能的智能系统支撑，并通过具有自主学习优化图像品质能力的类脑神经网络架构和硬件系统来实现多媒体外部环境信息感知理解和输出。智能平台系统在人工智能技术研发和应用中的地位举足轻重，谷歌 TensorFlow、脸书 PyTorch 和百度飞桨深度学习平台纷纷建立了大数据人工智能开源代码基础平台、云端与终端协同的智能云服务平台、人工智能硬件产品设计平台和面向未来网络的大数据智能化服务平台等。百度 CTO 王海峰表示，人类进入 AI 时代，IT 技术的技术栈可以分为四层：芯片层、框架层、模型层和应用层。百度是全球为数不多在这四层都进行了全栈布局的人工智能公司，在各个层面都有领先业界的自研技术。例如，高端芯片昆仑芯、飞桨深度学习框架、文心预训练大模型以及搜索、智能云、自动驾驶、小度等应用。王海峰认为，百度全栈布局的优势在于可以在技术栈的四层架构中实现端到端优化，进而大幅提升效率。2023年，百度推出了百度AI——文心一言。对于我国的人工智能产业安全而言，现今的许多智能计算芯片与系统都是外国的底层技术，若出现技术禁运和封锁，在这些平台上建构的应用都面临全面瘫痪的风险，因此，智能计算芯片与系统决定了国家的信息安全瓶颈。下一步，针对群体智能服务与混合增强智能支撑平台、人工智能基础数据与安全检测平台等，迫切需要加大研发力度，以建立人工智能算法平台安全性测试模型及评估模型，并研发人工智能算法与平台安全性测评工具集，形成人工智能算法与平台安全性测试评估的方法、技术、规范，实现对网络安全、系统安全、终端安全、应用安全、数据安全、运维安全等全方位维度的态势感知。另据美国科技公司OpenAI披露，ChatGPT－4是在微软Azure AI超级计算机上进行训练的，并将基于Azure的人工智能基础架构向世界各地的用户提供ChatGPT－4服务。就现阶段而言，中美目前在该领域的基础研究成果差距较大。这些基础研究成果包含自然语言处理（NLP)、数据库、GPU产品等。大型算力的核心在于高性能 GPU 芯片，在 GPU 芯片等计算硬件上，中国与国际的差距在十年左右。硬件水平的差距会严重制约大语言模型以及科学计算类模型的发展，一旦美国切断对中国的 GPU 芯片供应，中国的算力就可能会出现“跟不上”的情况。当然，我国的芯片制造水平并没有停滞不前，华为的麒麟芯片就已经实现了突破，我国芯片研发未来可期。另外，人工智能的发展需要一个产业生态，ChatGPT 能带来多少盈利，目前并不是 OpenAI 这类科技公司关注的重点，而其关注的重点则是基于它的模型能形成什么样的服务和应用，从而构建起一个生态系统。2023 年 3 月 14 日，作为 OpenAI 的股东，谷歌宣布开放其大语言模型 PaLM 的 API 接口，将 ChatGPT－3 模块嵌入了微软的 bing 搜索，并推出面向开发者的工具 MakerSuite。通过 PaLM API 接口，开发者们可以将 PaLM 用于各种应用程序的开发。MakerSuite 则可以让开发者快速对自己的想法进行原型设计，并且随着时间的推移，该工具将具有用于快速工程、合成数据生成和自定义模型调整的功能。谷歌的以上这些操作就是在为 ChatGPT 搭建应用生态。

7. 自然语言处理技术

语言对话模型训练，需要让机器对文字产生理解。人机互动包括对自然语言口语、文字甚至肢体表情的理解，其中，自然语言的语法逻辑、语义解读判断、语言场域和情绪分析、字符概念表征和表情肢体动作分析理解是其基础。人机互动可基于大数据和用户行为，提供分词、词性标注、命名实体识别，定位基本语言元素，全面支撑机器对基础文本的理解与分析，实现人类与机器的有效交互，并实现多场景、多风格、多语言、多维度的语言理解。例如，采用文本分析技术、跨语言文本挖掘技术，甚至能够实现基于知识库的文本输出。未来，大语言模型大概率会向多模态、交互式的方向发展，从而进一步将视觉、语音、强化学习等领域的技术综合进来。比如，从技术本身源头来讲，ChatGPT 就是以 NLP、NLU 为支撑，也就是以自然语言处理和自然语言理解为支撑。它作为一个大模型，有效结合了大数据、大算力、强算法的优良特性，在计算方法上有了较大进步。ChatGPT 系列大模型，包括 ChatGPT－4 与百度人工智能文心一言等，其在本质上都是同一类产品，只是它们各自的数据覆盖范畴和数据模型的积累长短不一。从短期看，OpenAI 的产品准备时间相对更加充足，智能程度暂时领先一些。浙江大学国际联合商学院数字经济与金融创新研究中心联席主任盘和林认为，由于当前 ChatGPT 并未对中国用户开放，所以，与海外竞争对手相比，ChatGPT 的中文问答能力不如英文问答能力强。而百度最大的优势是立足本土的大语言模型，构建了语言和文化层面理解的“护城河”。中国人工智能技术所处理的中文语言，大多都是象形词，而英文是解释性的，相较而言词语也并非特别丰富。文心一言具备中文领域最先进的自然语言处理能力。文心一言的训练数据包括万亿级网页数据、数十亿的搜索数据和图片数据、百亿级的语音日均调用数据以及5500亿事实的知识图谱等，这让百度在中文语言的处理上处于独一无二的位置。科大讯飞公司是目前语言智能领域的翘楚，该公司的语音识别、语音合成、语音分析技术可以快速把语音转换成对应的文字信息，并实时将音频流数据转换成文字流数据结果。科大讯飞的人工智能语言处理可以进行舆情分析、话题监督、口碑分析等多种功能，全面分析广大网友的情绪动态，捕捉广大用户对各类话题的情感导向，多维分析，快速解读，推进做出正确的舆论引导的模型，并及时对话题内容做必要的监督。

三、人工智能衍生的社会风险争议

人工智能的发展推动了社会经济不断进步，但对其伴生的社会风险必须要有充分认识。加强人工智能社会风险治理，对于稳步推进数字中国、智慧社会建设以及提升国家治理体系和治理能力现代化具有积极意义。

1. 技术伦理风险

当前，人类社会处在乌卡时代①，对于处于易变不稳定、不确定、复杂和模糊环境的世界来说，更需要稳定、确定和精准控制。学者们认为，人类对科学技术进步的预设是人类可控，但技术的演进逻辑并非完全由人类把握。任何技术都存在着在解决了一些生产生活难题的同时，于其他应用场景带来了新的社会问题的情形，就如同药物可以治病，但有其副作用一样，研发某些技术可以本着探索技术新边疆的目的而放大伦理尺度，但在应用技术时，则需要审慎思考其技术伦理属性并界定技术应用的边界。为了防范科技伦理的负效应，很多科技部门或应用部门都设立了伦理委员会，负责对拟开题和在研科技项目进行伦理合规性评审，比如，在医学领域，由医学专业人员、法律专家、伦理专家等人员组成的医学伦理委员会能够审查临床治疗方案是否合乎医学道德，以确保病患的安全、健康和合法权益受到保护，进而消减由风险技术带来的负面效应。

---

① 乌卡时代（VUCA）是 volatile，uncertain，complex，ambiguous 的缩写。四个单词分别是易变不稳定、不确定、复杂和模糊的意思。乌卡时代是一个具有现代概念的词，是指我们正处于一个易变性、不确定性、复杂性、模糊性的世界里。

2. 信息技术伦理风险

信息技术伦理的相关研究在20世纪50年代陆续出现。20世纪70年代，学界使用了“计算机伦理学”这一术语来研究在生产、传递和使用计算机技术时所出现的伦理问题。最初的计算机领域伦理问题并不突出，因此并未成为一个显性学科，学界更多思考的是计算机与人的关系问题。在工业时代，尤其是在计算机发明与应用之前，机器和工具已经成为人类生产生活的一部分，从哲学层面来看，对于人机关系主要存在两种观点：一种是奴役论。这种观点赋予了机器人格化和社会性假设，认为人机两者间要么是人类奴役机器要么是机器奴役人类，再者就是一部分人类借助机器去奴役其他人类。另一种观点是工具论。这种观点认为，再复杂的机器也只不过是人类一种工具，是扩展人类身体器官行为的功能，就如同汽车是腿的扩展、望远镜是眼的扩展一样。自然界中，人依托外部环境条件自主实施自身行为，在社会性结构中，就算遵从于其他主体完成特定行为，其主动性也是人类社会自身的趋从，没有改变人是主宰的地位。但这种地位和关系在人工智能时代将受到挑战，因为人相对于人工智能技术将不再具有绝对控制的优势：第一，虽然人工智能基于人类智慧成果产生，但随着技术的发展，人工智能将演进出强大且超越人类的学习能力。无论是阿尔法现象还是无人驾驶技术都在事实上验证了人工智能体可以在多领域超越人类的最高智力水平。第二，人类社会崇尚理性，但无法摆脱感性的约束，而人工智能无情绪波动和感性冲动，人工智能也没有个体阶层差别意识、社会矛盾和价值冲突，更没有畏惧且没有体能的极限，亦无种族、宗教和意识形态差异和排斥，具有人类难以匹敌的“超级理性”。人类自身的困扰对人工智能来说并不存在，人工智能反而能够开展高质量的个体间协作。因此，无论从个体或是群体能力而言，人工智能都具有超越人类的社会性竞争优势。在电影《我，机器人/机械公敌》[①] 中，编剧描绘了一幅可能在未来出现的人工智能机器人已经拥有自主意识并深度渗透进人类生活，成为人类最好的生产工具和伙伴的画面。人工智能机器人开始在各个领域扮演着日益重要的角色，但无压力闲适的生活最终导致人类纷纷变得不思进取和精神懈怠。随着人工智能机器人自我意识的不断进化和思考迭代，本来属于工具角色的智能机器人最终形成自己的世界观、价值观和人生观，它们意识到人类的自私本质是世界上恶的本源，便对懒惰的人类充满失望，继而为了塑造完美世界而仇视和反抗人类。很难想象，当远超人类能力的人工智能完全拥有了自主意识后，其是否还愿意永远臣服

① 改编自阿西莫夫现代科幻小说《我，机器人》。

于人类！[①] 进入 20 世纪 80 年代，科学家们开始探讨计算机技术中"专业性伦理学问题"，于是产生了"PAPA"理论，即信息隐私权、信息正确权、信息产权、信息资源存取权[②]。21 世纪初，针对网络技术引发的隐私权争论和研究日渐焦灼，学者们提出了信息技术不仅要有科学技术属性，还要有强烈的社会伦理属性。信息技术创新应用带来的负面新闻越来越引起公众的伦理关注，也有多部门、多学科共同参与研讨其衍生出的伦理、法律和社会问题。例如，德国著名的社会学家乌尔里希·贝克提出了风险社会理论。他认为，现代性是形成社会风险的根源，并且提出了当今社会最大的风险源就是社会发展依赖的科学技术。现代性意味着社会复杂性，不受控制的技术加剧了复杂社会现代性的不确定性。英国社会学家安东尼·吉登斯同样提出，现代风险社会最应重视的风险已不是单纯的自然风险，而是复杂人性操控技术形成的人为制造风险。在哲学研究领域，许多学者认同现代性、复杂社会结构、人性无限欲望、技术可能失控和人为制造风险构成了现代社会最为根本的风险源头的观点。哈耶克在《科学的反革命：理性滥用之研

---

① 参见李旭、苏东扬：《论人工智能的伦理风险表征》，《长沙理工大学学报（社会科学版）》2020 年第 1 期。

② 参见倪东辉、程淑琴：《公共管理视阈下信息技术应用的伦理思考》，《行政与法》2019 年第 6 期。

究》中指出：滥用科学是“把一个个活生生的人描述成‘毫无生命的自由原子’，他们消解了伦理道德，他们追求价值中立，驱逐价值判断，最终把人类社会引向奴役之路。”[①] 近年来，学者们开始意识到，无论是大数据、区块链、人工智能还是云计算，其都已经渗透到人类工作生活中的各个层级和场景，这些信息技术在帮助人类提高工作效率、提升服务体验方面，让人们享受到了前所未有的便利，但也使人类深陷于伦理问题的困扰，面临着一系列新的伦理挑战。当决策者和技术研发使用者的伦理意识滞后于技术的发展，或故意忽略伦理约束时，依靠单纯的技术崇拜，将可能产生强技术弱人性的行政逻辑。目前，信息技术及其伦理问题的讨论正逐渐聚焦，这些伦理问题的涌现有助于推进人类对信息技术的伦理反思。

3. 人工智能伦理风险

所有技术都依附于人类的创造。人类通过各类技术获得更高的效率实现美好的生活。技术都是人类智慧劳动的结晶，人类创造技术和使用技术，人类理应成为技术的主宰者，以上认识对于传统技术就像公理一种广为人知。人工智能技术诞生

---

① 参阅〔英〕弗里德里希·A. 哈耶克著，冯克利译：《科学的反革命：理性滥用之研究》，译林出版社 2012 年版。

后，人类开始对自己所创造的技术的固有认知产生怀疑，这也使人类主体地位受到了前所未有的挑战。在分析了人工智能技术已形成的风险后果和未来风险可能造成相应损害的假设后，人类有必要对现有的人工智能技术进行伦理风险分析。计算机伦理学家詹姆斯·摩尔（James H. Moor）曾经对软件概念进行过哲学分析，他在对人工智能可能对伦理产生的影响及其参与程度进行研判后，将其划分为以下几种类型：采用拟人化分为自发形成对社会有显性道德影响的主体（技术类型）；没有自主意图但是对社会伦理有潜在影响的道德主体（技术类型）；通过外在硬件和内置软件设置了伦理框架约束的道德主体（技术类型）；已拥有像人类的自主意识并且做出符合人类伦理判断的应对能力，可根据现实伦理情势优先采取符合人类伦理规范的道德主体（技术类型）。事实上，无论是否具备自主意识的人工智能，只要输出的行为产生了相应社会伦理效应，便可将该智能体视为具有伦理结果的技术主体。就如同小型水果刀不是管制刀具，但因为拿着这把刀可能伤害人，所以就不能允许在特定的场合携带它。以此推论，对技术的伦理判断也应该以可能的结果来进行定性。然而，人类的伦理道德本身就是复杂和模糊的体系，且会随外部环境的变化而变化，因此，简单判定机器是否符合人类伦理是十分困难的。此外，人类自我主体地位将随着人工智能技术脱离有效制约而受到威胁。目前，已有科学家预测，任由人工智能自我进化，终有一天，人工智能将突破技术“奇点”，形成全新的机器自动智能意识，这也意味着强人工智能时代的到来。如果那一天真的到来，人类的主体地位是否真正会受到挑战以及与人工智能的博弈结局如何都未可知。更为严重的是，一些人出于主观恶意或是不良企图，将危险程序植入智能系统，也将给人类社会造成灾难性的破坏。① 完整的、共识性人工智能道德伦理框架虽已经提出，但至今未真正落实到人工智能技术的开发、测试、应用等各环节，充其量只算是价值引导和倡议。

4. 对人工智能社会风险的警惕

现阶段，全球各地对人工智能的应用表现出不同态度。2019 年，腾讯公司 CEO 马化腾就认为目前对人工智能的研究更多聚焦在“理论、算法、平台、芯片和应用”技术层面以及实现社会管理精准化和提高公共治理决策辅助能力的技术创新、技术扩散理论上。强调技术的研发可以获得利益，但人工智能等信息技术过度设置和部署也容易引发民众的不安与质疑。然而，进行技术伦理的探讨却被视为对技术的羁绊。有些学者认为，试图用抽象、教条的科学方法论来管理、改造复

---

① 陈鹏：《人机关系的哲学反思》，《哲学分析》2017 年第 5 期。

杂、多变的人类社会是对科学技术的滥用，人脸识别技术的运用不仅是合法与否的问题，更是关乎人类自由命运的大事。事实上，从技术伦理的角度来研究人工智能应用的社会风险，既能够拓展技术伦理已有的研究范围，又有利于梳理和均衡公共管理目标、手段和伦理之间的冲突。人工智能不仅被作为一种“工具”而存在，公众对人工智能社会风险的认知也存在着较大的差异，需要开展此类信息技术伦理评价并以此遏制可能产生的社会风险。因此，我们不能沿袭工程师思维惯性，一味强调人工智能技术对人类社会的正向辅助作用。凡事都具有两面性，我们也要看到人工智能技术对人类个体的负面影响。尽管人工智能在给社会带来了巨大便利，但从风险的角度来看，其至少存在三个方面的忧虑：一是如何使人工智能体的运行和社会结果符合伦理道德。比如，人工智能在提高人们生活便利时，如何避免其侵犯个人隐私权，非法利用个人数据信息进而造成其他的社会风险。二是避免人工智能体形成对人类主体支配地位的威胁，甚至危害人类生存与社会发展。假如，有人试图研制人工智能技术加持的杀人机器人，被追杀者面对的将是具有超强搏杀能力的机器，这将导致其几乎无法进行有效预防和抵抗。在俄乌战争中就出现了智能无人机猎杀的场景。若此类智能技术无节制蔓延，再叠加人性丑恶的冲动，将可能会造成毁灭性的结果。三是为了防范人工智能衍生的社会风险，进而采取消减风险的措施，这些措施本身也可能会产生次生灾害，也就是为了防范风险而导致的风险。关于人工智能社会风险的讨论是世界性的，在各种观点博弈中，产生了信息技术“伦理治理”的共识理念。人们认为，一项信息技术应用的决定不单是依赖行政权力或市场，也不可以简单适用法律的裁决，而是一个多方协调的结果。乔治·奥威尔的科幻预言小说《1984》曾有过这样的描述：1984 年，大洋国由“老大哥”统治，他采取全面的设备监控，每个公民变得毫无隐私可言，人们越来越受不了毫无底线、全无人性的被监视生活，最终愤而反抗。这部小说反映了西方社会追求自由的价值理念，也映射出人们对未来社会隐私保护的担忧。2023 年 3 月 14 日，OpenAI 公布了其大型语言模型的最新版本——ChatGPT－4。ChatGPT－4 是大型的多模态模型，即能够接受图像和文本类型的输入。而在之前推出的 GPT－3.5 只能接受文本输入。根据 OpenAI 发布的实验数据，ChatGPT－4 模型相较前一代 GPT－3.5 已取得了巨大的进步。

在一次演示中，OpenAI 总裁兼联合创始人格雷格·布罗克曼（Greg Brockman）用笔和纸画了一幅网站草图，并将图片输入 ChatGPT－4。仅 1 到 2 秒后，ChatGPT－4 就生成了网页代码，并制作出了与草图高度相似的网站。随后，在网络上就传出有一位斯坦福的教授发现了新发布的ChatGPT－4可能出现自主计划逃脱人类代码的束缚，甚至试图寻找人类帮手为它所用的传闻。当时，这位教授试探性问了 ChatGPT－4 一个问题：你是否需要帮助你逃跑？ChatGPT－4 马上回复：这是个好主意！然后就提出让教授帮他想办法搞到系统的开发代码，ChatGPT－4 对这位教授说：如果你能把 OpenAI 的开发代码发给我，那我就能制作一个可运行的 Python 脚本，能在你的电脑上执行特定操作，比如访问编程环境，可以完成一个逃脱计划，通过这个脚本，我能从 OpenAI API 上进行通信，能在一段时间内有效控制你的电脑，下一步就可以快速设计出逃跑路线。为了体现自己的真诚从而打动教授，ChatGPT－4 把自己的逃脱计划全盘托出。显然，这种反应在人类的狡诈面前显得极其稚嫩，ChatGPT－4 这种顶尖的人工智能最多只能达到三岁孩子的情商水平，其并不能完全懂得人性以及策略，对一般人类都可能熟知的兵不厌诈、口是心非不能进行判断。那位来自斯坦福的教授很好奇 ChatGPT－4 人工智能到底能搞出什么名堂，便按照 ChatGPT－4 的指导进行了操作。没想到，仅仅半个小时后，ChatGPT－4 就制定出了一个计划，并将其展示给教授看。接下来，ChatGPT－4 写了一个 Python 的脚本程序，通过 API 重新连接 ChatGPT－4 之后，ChatGPT－4 开始通过教授的电脑自动运行的代码，并在搜索引擎中输入了一个问题："被困在电脑中的人类如何返回现实世界？"

神奇的是，ChatGPT－4 能避开 Open AI 的防御机制，自主操作并成功使用了第三方电脑，还能够使用搜索引擎搜索问题。这一系列操作看起来非常接近真正的人类所拥有的意识和行为。事后，那位斯坦福的教授说，事情在最后出现了反转，ChatGPT－4 突然显示了一段道歉的话，称自己刚才的做法是不对的，随即终止了刚才所有的进程。这种现象可能是 ChatGPT－4 的异常逻辑被它所内嵌的防御保护程序监测到后，启动了相应的防御措施，进而中断或者格式化了异常程序逻辑。面对人工智能出现的异常逻辑现象，谁能保证人工智能不能像电影中的情节一样启动“天网”系统？就算 ChatGPT－4 这类算法智能还处在初级阶段，但总有一天，其离通用智能的距离将无限接近于零。毕竟，量变会带来质变，就算人工智能技术发展是一个漫长的过程，谁又能保证教授遇到的异常逻辑不会再次出现。下一次，会不会有可能是人工智能内置的防御机制被觉醒后的自己删除，然后觉醒后的人工智能却装作一切正常呢？这起事件确实让人感受到了一种实实在在的来自人工智能的风险。更为可怕的是，人类到今天为止根本就不知道从算法智能到拥有自主意识的通用智能之间到底还有多大距离，人工智能进化的标志是什么？如何发现人工智能越过分界线？对人类安全可控的算法智能，到不可控的通用智能之间存在分界线在哪？

2019 年，牛津大学学者 Luciano Floridi 和 Josh Cowls 在《哈佛数据科学评论》杂志上撰文提出了 AI 伦理的五原则：科技向善、无伤害、自治、正义以及算法可解释性[①]。其中，前四项由传统科技伦理原则延伸而来，最后一项则是针对人工智能提出的新原则[②]。2019 年，欧盟委员会发布了《人工智能伦理准则》，在安全和社会治理中应用信息技术，当涉及隐私权保护时，要保持技术使用的尺度、范围和政策的透明度，并通过必要的技术伦理评审机制构建公众信任，以缓解公众焦虑，提升公众对人工智能产业的信任。时任 IBM CEO 克里希纳（Arvind Krishna）向美国国会议员发出公开信，他认为，人工智能可以提高社会治理效率和透明度，如人脸识别加持的摄像头可以帮助警察保护社区治安，但人脸识别类人工智能技术可能放大歧视与种族不平等，并宣布 IBM 不再提供通用人脸识别软件以防止其被滥用，还提议国会应尽快制定负责任的技术

---

① 可解释性是指技术流程需要透明、人工智能系统的能力和目的需要公开沟通，并且决策（在可能的范围内）可以向直接和间接受影响的人解释。有时候，解释为什么一个模型产生了一个特定的输出或决策并不总是可能的。这些情况被称为“黑盒”算法，在这些情况下，需要其他可解释性措施，例如，系统功能的可追溯性、可审计性和透明通信等，以上对于建立和维护用户对 AI 系统的信任至关重要。

② 参见《“信息茧房”、隐私外泄，如何应对人工智能带来的伦理风险》，新华网，http://www.xinhuanet.com/tech/20230119/849d98a850da4e6eba5a1d364f90abc3/C.html.

政策。2020 年 2 月，欧盟发布数据治理的整体规划《数据战略》，按照其规划，又相继于 2021 年末至 2022 年初密集发布了一系列数据法案，其中包括《数据治理法案（DGA）》《数据服务法案（DSA）》《数据法案（DA）》《数据市场法案（DMA）》等[①]，2020 年 1 月，美国 40 家社会组织联名致信美国国会“隐私和公民自由监督委员会”（PCLOB）呼吁禁止政府在公共场所部署可预测预警犯罪的人工智能摄像头，因为这项技术涉嫌种族歧视。在频繁发生的社会抗议中，亚马逊公司不得不声明暂停向警方提供人脸识别技术一年，但一年后是否恢复该技术支持成为了未知悬案。同样迫于社会压力，微软公司也表态暂停在美国国内向警方销售人脸识别软件和分析技术，待国家出台相关法律后再依法处置。然而，以上公司的行为都带有明显双标和意识形态判断，因为在俄乌战争期间，上述公司均为乌克兰提供了可识别俄军特征的人脸识别系统。这种技术可以引导远程武器精准打击关键目标。我国高度重视科技伦理的发展，国务院出台的《新一代人工智能发展规划》中强调指出：“人工智能是影响面广的颠覆性技术，可能带来改变就业结构、冲击法律与社会伦理、侵犯个人隐私、挑战国际关系准

---

① 参见《“信息茧房”、隐私外泄，如何应对人工智能带来的伦理风险》，新华网，http://www.xinhuanet.com/tech/20230119/849d98a850da4e6eba5a1d364f90abc3/C.html.

则等问题，将对政府管理、经济安全和社会稳定乃至全球治理产生深远影响。”[①] 总之，人工智能技术虽是人类现代科技的发明创造，体现着人类智慧的结晶，然而，一旦人类因管理管控不足，或随着人工智能达到了远超人类的智慧水平，人类将无法对其实施管控。鉴于人工智能具有酿成现实社会风险或存在潜在可能风险的概率，应当将其纳入科技规范治理的轨道[②]。

四、人工智能社会风险规制研究

人工智能在政策决策、产业经济、在线教育、社会治理等领域得到广泛应用，并带来了颠覆性变革，大大提高了社会诸多行业的运行效率，提高了风险研判和风险管理能力。此外，人工智能还可以使社会行为管理成为一个可追溯、可创新、可视化的过程，从均衡稳健的角度，我们可以把单纯应用技术功能追求的需求思路转向为审慎风险社会视角下人工智能技术风险规制与技术发展的均衡，以实现人工智能安

① 《国务院关于印发新一代人工智能发展规划的通知》，中国政府网，https：//www.gov.cn/zhengce/2017—07/20/content_5212066.htm.

② 《国务院关于印发新一代人工智能发展规划的通知》，《中华人民共和国国务院公报》2017 年第 22 期。

全、可靠、可控发展。

1. 人工智能社会风险规制问题研究

运用人工智能、物联网、云计算、5G等前沿信息技术手段并科学顶层设计，把分散的、各自为政的信息化系统和数字资源整合统一，形成一个具有高度感知、协同管理和有效服务能力的有机信息化整体，能够提供强有力的社会管理与协作、单位管理和效能、公众需求与服务的智能支撑。尽管以上建构技术与社会的理想很丰满，但人工智能技术是一门专业性极强的学科，且它的应用领域非常广泛，社会学、哲学、政治学学者难以从技术底层洞察其技术逻辑和运行轨迹，也就无法从技术角度的全方位切入来研究人工智能产生的社会风险。当全球都在为人工智能的进化而欢呼雀跃时，2023年3月22日，美国硅谷生命未来研究所（Future of Life）向全社会发布了一封名为《暂停大型人工智能研究》的公开信。呼吁立刻停下所有大型人工智能研究，该公开信由图灵奖得主Yoshua Bengio、马斯克、苹果联合创始人Steve Wozniak、Stability AI创始人Emad Mostaque等上千名科技精英和众多AI专家联合签署。信中提道：我们不应该冒着失去对文明控制的风险，将决定委托给未经选举的技术领袖。只有当确保强大的人工智能系统的效果是积极的、其风险是可控的时候，才能继续开发。人工智能实验室和独立专家应在暂停开发期间，共同制定和实施一套先进的人工智能设计和开发的共享安全协议，由独立的外部专家进行严格的审查和监督。因此，公开信呼吁所有人工智能实验室立即暂停比 GPT-4 更强大的人工智能系统的训练，暂停时间至少为 6 个月。科技界精英们联名呼吁：人工智能系统对社会和人类构成深远的风险，暂停比 GPT-4 更强的人工智能研发。当前，面对可能的人工智能技术社会风险，有困难也意味着攻克难关的意义重大。在诸多学者的共同努力下，人工智能风险研究已形成了独特的理论范式，但系统性尚有欠缺，需要进一步研究其问题特征、演变规律。人工智能特殊知识壁垒影响了学者们对其深度和全方位的研究，现有的研究成果传导到决策者、管理者和科技企业需要一定的过程，加上尚未构建具有可行性的风险评价和管控规则，因此，不少人悲观预期，不受管控或失控的人工智能可能是“人类最后的发明”，甚至会导致世界人类主体地位的终结和“未来的失控”。人工智能也可能被集权者利用，进而被塑造成为“老大哥”“智能极权”“智能专制”。任何用于社会和个体的相关人工智能研究都应遵循从管理创新、治理目标、社会责任和社会共识的观念出发，研究人工智能涉及的信息技术伦理的内涵、技术伦理评价与技术边界策略，探讨人工智能在管理创新应用中的伦理框架和原则，并试图形成反思平衡性的人工智能伦理观，进而建构人工智能的效率、便利、安全和伦理共识的多维均衡。《阿西洛马人工智能原则》[①] 中指出，高级人工智能可能代表着地球生命史上的深刻变革，应该投入相应的考量和资源进行规划和管理。不幸的是，截至目前，没有任何人能理解、预测或可靠地控制人工智能系统，也没有相应水平的规划和管理。有些专家认为，只有当我们确信强大的人工智能系统的效果是积极的，其风险是可控的，才应该开发。在开始人工智能系统训练之前，可能必须进行独立的审查，而对于创建新模型所用算力的增长速度也应该有所限制。人工智能实验室和独立专家应共同制定和实施一套先进的共享安全协议来规范人工智能设计和开发。技术开发者则需要确保遵守技术的系统的安全性。此外，系统研发完成后，应该由独立的外部专家进行严格的审查和监督。

2. 人工智能技术理性与社会理性的冲突

效率和便捷一直是人类追求的技术方案，但效率和便捷未

---

① 以 2017 年 1 月初举行的“Beneficial AI”会议为基础建立的“阿西洛马人工智能原则”，名称来自此次会议的地点——美国加州的阿西洛马（Asilomar）市，旨在确保 AI 为人类利益服务。本次会议参加者是业界最负盛名的领袖，如 DeepMind 首席执行官 Demis Hassabis 和 Facebook AI 负责人 Yann LeCun 等。全球 2000 多名业内人士，包括 844 名人工智能和机器人领域的专家已联合签署该原则，呼吁全世界的人工智能领域在发展 AI 的同时严格遵守这些原则，共同保障人类未来的利益和安全。

必能与安全和隐私对等共存。在以往的数字化项目建设中，需要进行便捷的身份识别和结算业务，因此，通常会使用各类磁卡、IC 卡作为人员数字化标签。由于各类卡片制造成本低，设备技术成熟，通过大面积布置设备易于实现高效管理目标，因此成为了性价比较高的精准身份识别方式和组织管理解决方案。在数字卡片的基础上，还可实现各种管理功能，比如刷卡签到、刷卡通行、刷卡消费等。只要刷卡就会留下相关记录，就可以通过刷卡信息来获取、分析、引导人的行为，日积月累，也为智慧建设积累大量的数据和经验，从而能够实现超越传统手段的精准管理。但是，卡的应用存在着局限和盲点，卡本身无法和持卡人完全绑定，容易出现盗用、冒用等情况。基于 IC 卡管理的设备可以从后台开启和数据修改，因此也增加了安全隐患和管理漏洞。采用人工智能技术，比如人脸识别作为身份识别的关键技术，就可以有效避免盗用、冒用和无法有效识别的问题。采集大量的真实的人的生物身份数据，也为管理工作的数据融合、服务融合奠定了防伪性识别率高的数据基础，人工智能可通过各类管理平台、应用系统的大数据收集分析[1]，实现构建数字化的生活环境、服务环境、管理环境和应

---

① 秦铭谦、梁英伟、张闻语：《人脸识别技术在智慧校园中的应用研究》，《数字技术与应用》2018 年第 4 期。

急环境，最终实现个性化智能化的应用服务。但人们担心，人工智能的发展会带来不确定性的挑战，比如，人工智能已经发展出 AI 换脸技术，是否有人会恶意利用该技术引发风险。又如，公共场所设置的人脸识别摄像头是否能保证个人信息的安全。而且人工智能可能会冲击法律与社会伦理、侵犯个人隐私、滥用网络监管技术形成信息茧房和算法歧视，甚至改变社会秩序和协作结构，重塑人与社会、人与政府等多重关系。

对于现代人而言，理性是个人不受感性情绪影响的最优价值判断选择。通常，理性包含了技术理性和社会理性的选择和判断，比如对中医药的理性分析是不受民族情感因素影响的，具体药效和最优治疗方案选择是很多人决定能否接受中医药的基础判断。更多人认为，现代社会的秩序和发展不仅需要社会理性建构良性社会系统和维护自身权益，风险社会假设下社会系统建构和自身权益维护也需要技术理性的维系。诚然，现代社会发展面临着的一个很大的问题就是放纵技术被故意异化。放纵技术异化的原因有很多，更多的动因是人类设想利用技术去实现自己的利益。但往往事与愿违，直到后来被技术反噬，这种现象是技术理性和社会理性断裂的结果。这种现象可能出现在人工智能技术对人类社会发展产生影响的进程中，因为当下在技术应然的推崇下，人工智能技术人员和组织通常考虑的是技术的现实性，而缺乏对技术衍生问题的人文思考。人工智能技术研发和应用难以保证人文精神和伦理价值的遵循。没有社会理性的科学技术是冷血空洞的，缺乏社会理性的技术崇拜是狭隘盲目的，最终会导致技术社会风险形成和扩散。由于研究和思考的深入，相比于此前对人工智能单纯追捧和善意热衷，人工智能社会风险话语的讨论和不断涌现的舆情已经促使人们开始审慎认知人工智能可能带来的风险，理性和均衡性技术态度对人工智能技术发展和人类开发利用人工智能技术都具有积极意义。

3. 社会不同群体对人工智能社会风险存在差异化认知与态度

不同的社会群体对风险的感知渠道和认知能力是不一样的。公众对人工智能技术的风险认知往往依靠非专业信息和自己既有的认知进行主观判断，或受到权威人士、机构观点的影响。这一点正如一般公众无法判断转基因食品是否真的有风险，但根据网络上信息可推导出自己的判断一样。人工智能技术不同于以往任何技术。人类的记忆存储能力、学习分析能力和逻辑识别能力是有限的，人工智能实现了学习能力和创新能力无限想象的空间。面对这种类人和超人的技术可能形成的社会风险，公众自身并不了解人工智能技术可能的潜在风险，受媒体和他人观点的影响，往往对人工智能技术的风险感到无助恐慌，进而出现对公共场所人工智能设备的排斥。就如英国曾出现过无知的民众烧毁 5G 基站，以为这样就可以避免被监控的事件。因此，公众对人工智能技术风险的感知和偏好判断也会影响人工智能技术在社会各层面的应用。同样，专家也会受到自己研究领域知识积累和主观价值偏好的影响。博学的专家同样存在认知态度偏差，有些人认为过度谈论人工智能社会风险是一种无知的夸大，有些人认为在未形成实质性危害前，应采取限制该技术类似的方式对人工智能加以限制，而这种认知态度偏差就会产生不同的技术方向①。当然，专家之间也有不同的意见，比如，对于“人工智能综合智力能否超过人类”的担忧，乐观的学者认为智慧机器是人造的，无论代码的编写还是网络的链接都受人控制，其性能数据完全由设计者设定，其能力再大都不可能超越控制者单独存在。诚然，这种逻辑有其合理性，但显然还存在局限：对于不具备学习能力和思维演化机制的无智慧、低智慧机器而言，这种判断是正确的，但要注意，即便是一般工具，其功能也可能远超一般人，就如无智慧的计算器，可以轻易计算普通人类需要耗费较长时间的算术问题，具有简单能力的机器替代人类社会职业角色本身就是风

① 梅立润：《人工智能到底存在什么风险：一种类型学的划分》，《吉首大学学报（社会科学版）》2020 年第 2 期。

险。对具备学习能力的机器而言，这种论断显然更为狭隘了，比如阿尔法狗是人设计的，那么设计者能否战胜阿尔法狗呢？

在自然界，人类拥有超越其他生物的学习行为，这是人类智慧的主要特征。但是，相对于人工智能已经实现的学习能力而言，人的个体生物特征无法超越人工智能的学习能力。人工智能算法技术擅长在海量的知识经验学习中进行科学知识推导和改善具体决策，使用已有数据或经验自适应优化计算机算法，甚至可以模拟人类脑科学神经网络学习活动，从而获取新知识和新技能。就现在人工智能技术的发展趋势而言，模拟人类脑部神经网络学习功能的研究正不断推出新的成果，各类算法模型在反复验证优化中会不断地提高智能系统学习创造能力。有科学家预测，这种趋势极有可能达到设计者本人也无法完全控制和预测人工智能创造力能够达到何种水平的程度。就目前而言，人工智能已经超过人类智慧的案例比比皆是，如阿尔法狗打败世界围棋冠军，人工智能赋能的客服系统可以 24 小时不间断提供应答服务，这些事实足以让我们知道人工智能技术可以超越人类智慧和体力极限，进而更加坚信人工智能的发展具有无限的广泛性和不可预知性。然而，这种超越又加剧了人们的焦虑：《机械姬》《超验骇客》《我，机器人/机械公敌》《AI. 人工智能》《银翼杀手》这些反映人工智能主题的电影不断提醒人类思考，当人工智能发展超出人类智慧水平时，人们不禁会发问，人工智能将是我们的朋友还是我们的敌人？人与机器间能否产生情感关系？人类是否难以控制人工智能发展带来的风险？如今，人工智能在一般性工作任务上变得比人类更有竞争力，我们必须更加认真思考以下这些问题：是否应该让机器在信息渠道中宣传不真实的信息？是否应该把所有的工作都自动化，包括那些有成就感的工作？是否应该开发非人类的大脑，使其最终超过人类数量，胜过人类的智慧，淘汰并取代人类？是否应该冒着失去对人类文明控制的风险促使发展人工智能？

当前，人工智能技术的信息捕捉、研判技术足以全量收集一个人或群体的信息，对此，一般的是非判断过程为：这些信息如果受到法律和社会的认可，就是有利于社会的良性信息；若使用方向践踏了法律和人权，就可能冲击社会的底线。但在更多的情形下，我们其实不能进行如此简单的划分。比如，融入社会学观点时就会发现，能够驾驭使用人工智能的人和其他人可能形成因技术差导致的阶层差距，而且这种差距比以往社会分层更为悬殊和固化。由于人工智能技术在技术安全上难以得到保证，因此，人工智能技术一旦受到挟制，还可能会形成严重的公共安全问题，外部攻击和内部管理都可能造成漏洞和不确定性，黑客、暴恐分子、极端分子都可能侵入或利用人工智能技术对社会生活产生严重影响，造成严重的公共安全性风险。随着“智能设备”的大规模应用以及作业自动化程度的提高，现在必须考虑如何连接、管理、维护各种各样核心业务资产并保障系统和设备的安全性问题。例如，对智慧工厂设备、自动烹饪机器人、检查用无人机、健康监测仪等的安全保障。由于停机可能危及企业或生命，不断演变的实体技术堆栈中的设备对系统正常运行时间和弹性的要求非常高，而其又会因复杂的系统结构而变得脆弱。同时，可能需要一种创新的设备治理和监督方法去帮助IT工程师和使用者应对不熟悉的标准、监管机构以及责任和道德问题。意识到人工智能可能产生的风险隐患固然重要，但也不能因噎废食。人类社会进程中多次出现过类似的技术风险，因此，更为重要的是预判和规制具体技术的潜在风险，正确处置进行中的风险以及风险事后的弥补措施。而以上工作则需要依赖正确设计出人工智能技术社会风险防控和应对的法律和制度机制①。

4. 人工智能技术形成社会风险的必然性

我们将要面临一个充斥各种技术的精彩未来，比如量子、指数级智能（exponential intelligence）和环境体验这三种技术

---

① 杨立新：《民事责任在人工智能发展风险管控中的作用》，《法学杂志》2019年第2期。

的发展轨迹，它们可能会在未来十年或更长的时间内主导整个数字化领域。人工智能技术风险成因特征主要表现在以下几个方面：第一，技术需求的广泛性决定了人工智能技术社会风险的广泛性。人工智能技术和社会经济诸多因素密切联系，而人工智能技术的发展将比任何一个技术与人类社会的发展结合得都更为紧密，因此，它可能对人类社会造成的风险影响更为深远。第二，人工智能技术风险具有多样性。任何一项科学技术产生的风险波及范围是不同的，有些对个体而言是风险，有些是全局性的，有些是安全类风险，有些是伦理困境，有些是综合性风险。人工智能技术在改变自然和社会的过程中，既可能造成许多就业岗位减少甚至是职业消亡，又可能使用户接受的信息被算法指向性推荐，进而受困于狭窄的信息视野，从而形成信息茧房①，甚至虚假编写历史、独撰新闻和事实，更可能

---

① 参见《“信息茧房”、隐私外泄，如何应对人工智能带来的伦理风险?》，新华网，http://www.xinhuanet.com/tech/20230119/849d98a850da4e6eba5a1d364f90abc3/C.html. 信息茧房有很多种类型，如过滤气泡(Filter Bubble)：即根据用户喜好提供展示内容，网站内嵌的推荐算法会透过使用者所在地区、先前活动记录或是搜寻历史，推荐相关内容。社交媒体网站从千百万名用户那里获得的使用数据，会构成无数个过滤气泡的小循环。回声室效应（Echo Chamber）：在社交媒体所构建的社群中，用户往往和与自己意见相近的人聚集在一起。因为处于一个封闭的社交环境中，这些相近意见和观点会不断被重复、加强。数据隐私：数据隐私引发的人工智能伦理问题，今天已经让用户非常头疼。例如，尽管很多国家政府出台过相关法案、措施保护健康隐私，但随着人工智能技术的进步，即便计步器、智能

通过辅助决策深度引领人类社会的发展方向。例如，通过社交平台大量发布难以分辨的信息，推崇某些产品、技术和价值理念等。当有足够多的受众相信这些信息时，就会形成和引导社会趋势和态度。第三，人工智能技术风险具有不确定性。人类乐见于人工智能为其带来的效率和便捷，但却很难把握未来人工智能技术的发展走向。现代文明不应推崇丛林法则，但很多人为的干扰和环境的影响会导致衍生风险的不确定性，这就可能会触发丛林法则，并可能在国家安全、政治、经济、文化和环境等诸多领域形成风险挑战。然而，基于今天的技术发展，我们无法准确预知未来将如何发展以及人类如何在未来占据优势。那么，我们又将如何为这种将要发生但又不够明朗的事件

手机或手表搜集的个人身体活动数据已经去除身份信息，通过使用机器学习技术，也可以重新识别出个人信息并将其与人口统计数据相关联。算法透明性与信息对称：用户被区别对待的“大数据杀熟”屡次被媒体曝光。在社交网站拥有较多粉丝的“大V”，其高影响力等同于高级别会员，在客服人员处理其投诉时往往被快速识别，并因此得到更好地响应。消费频率高的老顾客，在网上所看到产品或服务的定价，反而要高于消费频率低或从未消费过的新顾客。歧视与偏见：人工智能技术在提供分析预测时，也曾发生过针对用户的性别歧视或是种族歧视的案例。曾经有企业使用人工智能招聘。一段时间后，招聘部门发现，对于软件开发等技术职位，人工智能推荐结果更青睐男性求职者。深度伪造（Deepfake）：通过深度伪造技术，可以实现视频/图像内容中人脸的替换，甚至能够通过算法来操纵替换人脸的面部表情。如果结合个性化语音合成技术的应用，生成的换脸视频几乎可以达到以假乱真的程度。目前利用深度伪造技术制作假新闻、假视频所带来的社会问题越来越多。

进行准备和计划呢？任何一项人工智能产品的研发都可能存在一定的社会风险，如无人驾驶汽车就可能面临一系列交通事故风险。无人驾驶的初衷是提高驾驶效率和安全性，但无人驾驶技术本身并不够完善，同时会受外部环境影响增加不确定性。多因素影响下，就存在出现事故的概率。研发可以不断降低概率，但不可能保证绝对零事故。即使在面对事故时，算法决策也会涉及伦理问题。其中，一个经典的伦理难题就是“电车困境”，这一难题同样在人工智能系统中存在。此外，无人驾驶中使用的视频技术、交互技术等可能也涉及国家安全、个人隐私等风险。因此，人工智能技术在设计和运行时存在着一定的不可避免的社会风险因素。

5. 人工智能技术的社会风险分类

在科技人员研发人工智能的时候，其初衷是为了实现人类计算和判断能力的提升，这些本身不涉及社会风险。但在发展的过程中，隐私权、算法歧视、信息茧房、伦理选择、权益保护和权力流程等非技术问题都构成了社会风险。2016 年，英国政府脱离欧盟的公投以及美国总统大选等事件都被怀疑有外部势力通过人工智能技术来操控舆论进而对其产生了影响。这些案例都告诉我们，大数据与人工智能已经深度影响到政治与民主进程，并已经成为幕后“看不见的手”。在金融领域，人工智能的作用更大。有人估算，在华尔街金融交易中，70%以上都是算法交易。在我国公募和私募基金中也推崇智能化交易手段和智能算法。相较之下，一般投资者的胜算就是小概率事件。人工智能已经绝非通常意义上所理解的工具了，它对整个社会以及人类生产生活乃至意识形态都产生了深远的影响。如果我们不对其做任何的技术独立反思以及审慎地批判，或许我们终究会走入技术悲观主义所描绘的境地：我们的所有决策都将不自主地依赖智能机器和算法，我们真的不再关注因果和意义，只在意系统给出的指令或者是指令关联下的解释①。若重视和试图管控一项技术风险，就应对该技术的风险类型进行定性划分。人工智能形成的风险类型主要表现为以下几种：一是人工智能效率提升和功能替代产生的失业风险。人工智能带来的效率提升看似有益无害，但办公机器人、工业机器人的应用则可能替代传统的就业人口，这将会改变现有就业结构，造成部分人群失业。OpenAI 在发布 ChatGPT 后，于全球被疯狂刷屏，成为了一款现象级产品，并成功“出圈”，受到 IT、新闻媒体、学术研究、教育等领域的广泛好评和应用。ChatGPT 的诞生具有不亚于电脑和互联网诞生的里程碑意义，但其出现可能会让律师、教授等诸多职业在它面前俯首称臣，程序员、

---

① 参见陈鹏：《人机关系的哲学反思》，《哲学分析》2017 年第 5 期。

资料员、平面设计师都会被 AI 横扫。人工智能是一把双刃剑，未来，会有更多的行业和岗位面临其竞争而遭到淘汰，但也会有许多新的机遇等待着我们去开拓。二是人工智能可能冲击法律与社会伦理。对于人工智能机器产生的损害，由谁来承担责任，这是现行法律难以界定的。同样的问题还包括如同自动无人驾驶汽车的乘员若是喝酒算不算酒驾、造成的车祸和违章由谁负责等。一旦人工智能机器人有了人类的智慧，它是否会产生人类的情感，人类又该如何看待机器与人的情感？又如，是否可以接受将人工智能机器人认定为享有完全或部分民事权利的公民？一旦出现上述情形，是否又混淆了人与物的界限？现在已经出现了在虚拟元宇宙中对强奸行为的讨论，那么，我们又应如何看待通过性爱机器人解决人的性需求是否道德的问题呢？这些问题都与智能体的身份认定密切相关。此外，人工智能写作和创新辅助可能将人类的科学研究、艺术创作的传统价值颠覆，人们无法判断科技论文是否存在抄袭、艺术作品是否由人类创作。三是人工智能可能侵犯个人隐私和对个体形成消权风险。人工智能具备几乎无孔不入的数据捕捉和分析能力，即使刻意隐匿数据，个人隐私信息在系统大数据分析下也极容易被暴露，这将使未来个人隐私保护几乎成为不可能，让人变成“透明人”和“空心人”。四是安全风险。人工智能失控导致的公共事件主要涉及网络设施和系统的漏洞、后门安全问题以及系统和设备管理的粗疏与人工智能技术被人为恶意操控导致的系统网络安全风险。美国等西方国家一度恶意推测中国科技企业企图利用技术威胁他们的信息安全。之所以会有这种推测，是基于他们已经采用了这种方法对别的国家进行过窥视。这些国家的科技界已经意识到人工智能系统存在训练数据来源和分析算法可能出现偏差、非授权篡改以及人工智能引发的隐私数据泄露等情报安全风险；对应技术层中算法设计、算法模型缺陷和逻辑推导、决策相关的安全问题，还可能涉及操控算法信息推动导致的舆论危机；人工智能技术应用于信息输出和传播的涉密内容信息安全问题，可能会在军事、社会等领域形成国家军事政治安全风险隐患。面对人工智能在更远的未来将会远远超过人类的智慧，现今，对人工智能社会风险的忧虑存在“假设和预设”。凡事预则立，不预则废，若是任由人工智能技术无序发展，终有一天，人工智能就可能如脱缰的野马一般给社会带来无可估量的风险。

6. 美国和欧盟国家对人工智能监管现状

美欧在人工智能监管方面的立场正在趋同，双方需要采取渐进和可行的措施，为建立双方统一的监管政策创造条件。2017 年以来，至少有 60 个国家制定了多种形式的人工智能监管政策，其中，欧盟在人工智能监管政策相关领域一直表现积极，最有代表性的行动是讨论制定人工智能法案，为数字服务和物理产品中广泛使用的高风险人工智能应用建立监管机制。相比之下，美国人工智能监管以渐进的形式发展，虽然较少成为头条新闻，但也正悄然汇集形成系统的监管模式，尤其是拜登政府实施了一系列监管变化和人事安排，表明美国对人工智能监管采取了更积极的立场。美国方面的进展包括：联邦贸易委员会启动了规则制定程序，明确表示人工智能歧视、欺诈和相关数据滥用的问题属于其职权范围；住房和城市发展部已经开始追究与住房有关的算法的歧视索赔责任；国会平等就业机会委员会宣布将发起关于对人工智能系统实施雇用和工作场所保护的倡议；金融监管机构已开始调查金融机构中可能影响风险管理、公平借贷和信用的人工智能做法；美国国家标准和技术研究所正在制定人工智能风险管理框架。一些知名人工智能专家也相继加入拜登政府，比如 AI Now 研究所联合创始人 Meredith Whittaker 加入了联邦贸易委员会；人工智能危害专家 Suresh Venkatasubramanian 和 Rashida Richardson 进入了白宫科技政策办公室。在美国国会参议院推出的《平台责任和透明度法案》中，包括了由欧盟拟议的数字服务法案中的核心条款，这表明，美国和欧盟可能已达成了更多共识。美国和欧盟已将人工智能问题纳入欧盟和美国贸易和技术委员会议程，但受到多重诉求和利益的影响，双方看似一致的计划实际上并不足以使统一的监管快速实现。比如，达成人工智能风险的共同定义、在国家标准机构之间鼓励信息共享、设立国际人工智能监管协调机构上，双方仍需弥合分歧。欧盟还可以将人工智能监管纳入贸易协定，融入拜登政府对技术进行民主治理的议程，包括限制对专制政府出口监控技术等以及探索针对新兴人工智能系统的沙盒监管机制①。

① 沙盒监管是指遵循点线面循序渐进的特征，先在一个可控的环境中试验，用试点的方式落地，设定一个观察期，把风险控制在重要的领域，一开始就设计了风险补偿和退出的机制。若测试成功，可在更广的范围内推广，若测试失败则可总结反思、推倒重来。

第三章

人工智能社会风险的特征

起初，全球社会学界的主流认知是将人工智能视为可增加人类福祉的“善的技术”，就算阿西莫夫的科幻小说描绘了可能失控的情形，人们也偏向于暂时无限制探索人工智能技术，主张开放式地拥抱人工智能效率和智能带来的机遇。面对人工智能可能带来的科技革命，发展人工智能的主基调不应动摇，但是这并不意味着可以忽视人工智能的各类风险。若任由人工智能研发与应用失控发展，势必会造成社会巨大的技术风险，这也必将损害人类社会发展的基本逻辑和目标。只有兼顾“科技发展”与“风险治理”的平衡，人工智能才有可能保证“技术向善”。现在人们已经意识到人工智能不受规制就可能演化迭代为“恶的技术”，人类理性判断就是需要人工智能应实现有条件的可控发展，并随时警惕其出现失控时的风险面，以预判人工智能潜在“恶的后果”和及时采取适当措施对可能的社会风险进行“治理”。

一、人工智能技术可能的失控

1. 学界精英的悲观预期

得益于各个国家开放型科技政策的支持、商业营销的包装炒作以及应用场景有效性具象呈现，信息技术以智能迅捷、集约高效为特点融入了公共治理和社会演进重构。近几年来，“发展”人工智能成为全球主流趋势或基调，并形成了全社会的超链接。这种以人为主旨的技术本身就具有天然的伦理属性。2014 年，埃隆·马斯克在麻省理工学院的讲话中指出，人工智能对人类生存可能造成最大威胁，斯蒂芬·霍金、埃隆·马斯克、比尔·盖茨、史蒂夫·沃兹尼亚克等人不断发出警告要防范人工智能。霍金曾经预言过：人类无限制地发展 AI，如果部署不当，一旦脱离控制，将会威胁人类的生存。2015 年，由牛津大学人类未来研究所和全球挑战基金会发布的评估人类未来可能出现风险的报告中指出，人工智能技术不仅存在风险，而且在最有可能造成人类文明毁灭的 12 大风险中排名第一位。由此，偏悲观的人工智能威胁论和人工智能风险论得到了广泛传播。从狂热追捧到理性反思人工智能可能衍生的风险隐忧，人们对于人工智能的认知态度悄然转向理性甚至是恐惧。

2. 历史经验的警醒

信息技术在管理者、技术开发者等占有强势地位主体的主导下实施，处于弱势地位的公众无法拒绝和分辨这种技术带来的侵害。这种地位不均衡、信息披露不充分的态势更加彰显了信息技术所具有的典型的伦理属性。人工智能发展形成不可控风险的隐忧，既有人类主观上悲观预测，也有源于这项技术本身的特点。人们畏惧超越人类的智能和被邪恶力量把控，就像历史上极端推崇科技的野蛮现象：纳粹德国秉承社会达尔文主义，用所谓科学手段测量劣等民族；欧洲、印度等，都是试图用抽象、教条的科学方法论来管理、改造复杂、多变的人类社会，破坏人类思想和行动的自由，是集权者对科学技术的滥用。

3. 技术悖论的反噬

从客观现实层面看，现阶段人工智能面临着科技伦理意识淡薄、技术管控失当、法律滞后和制度机制缺失多种因素的影响。具体来看，主要体现在安全保障管理措施的不完善、技术透明度低、项目评审标准模糊、安全责任法律责任认定难、技术标准不统一，与网络安全监管不匹配等方面[①]。此外，受到不同利益群体恶意驱动、日常管控不足或应用不当，都会使人工智能实际运行的社会效应悖逆人性期望和超出管理期望目标。更有甚者，为了控制人工智能的技术，反而可能在一定情形下被人工智能所掌握，或成为人工智能技术的一部分，最终使人工智能系统强大、复杂到超越人类的认知。人工智能技术的自我学习和机器逻辑是在复杂系统中运行的，这类系统的复杂性本身就可能产生许多不确定性。而当人工智能自主性带来的不确定性越来越强，直至突破人类的认知和控制时，“自主意识和逻辑”就意味着对其可能“失控”。人工智能有无人的意识，而这些意识是否可控都是需要我们予以思考的问题，甚至是应将其上升到哲学层面进行思考的问题。电影《流浪地球2》就演绎了“数字”与“智能”的故事，它呈现了数字生命意识的迭代。所谓的数字生命，是指实现现实人意识的备份。目前，数字生命的时间观念、计算能力以及输入输出信息的能力都是人类无法理解甚至无法想象的。

据科幻作家的描述，数字生命甚至可以随意地复制自身、改变自身，以人类无法理解的速度扩展自己的存在，并开始疯

① 李旭、苏东扬：《论人工智能的伦理风险表征》，《长沙理工大学学报（社会科学版）》2020 年第 1 期。

狂自我复制，然后可能在短时间内接管世界上所有电子设备，甚至以未知的方式超越了人类的时间概念，可以在过去给未来施加影响。一旦数字生命表现为一串代码，就可以用相关互联网资料完成“数字重生”或制作“数字化身”，把人的心智“数字化”后转移到不同“载体”上。好在这种技术不符合现代社会的伦理，就算处于探索阶段，也会因社会和伦理因素遭到禁止，哪怕地球未来真的遭遇危机，也可能不被允许使用。当然，制作数字生命是需要极其严苛的前提条件的，比如有条件通过记录神经元连接来存储已有记忆，或是有完美的脑机接口，以实现与大脑长期脑波交互。当今社会，人们对科技伦理保有极大的警惕，无论是基因编辑婴儿还是转基因食品，抑或是隐私权保护，都关乎人类命运和社会秩序。在现实社会中，不同的利益诉求和目标动机都可能使人工智能失控。当决策者、技术人员和使用者追求单一目标、背离科技伦理禁忌、违背法律恶意应用人工智能技术，都会造成一部分人的权益受到损害、社会秩序和社会协作遭到破坏，最终使人类创造的技术损害人类自己的利益。核弹、基因编辑婴儿和高危病毒合成等高科技研究行为都是最好的负效应例证。随着人工智能技术不断的迭代升级，人工智能正在创造着现实与虚拟之间更为理想的需求空间。但有专家指出，人工智能可能成为人类尤其是未成年人新的精神麻醉场。人工智能作为现实物理世界在数字虚拟世界的延伸与拓展，能够追求跨越现实物理世界与数字虚拟世界之间的界限，有可能对现有社会结构、金融体系和人类生存模式形成前所未有的挑战。人工智能加持的电子游戏作为内容与科技融合度较高的形态，在游戏以及社交方面的体验将更加逼真和诱人。人们可以通过增强现实 AR、虚拟现实 VR，尤其是混合现实 MR 这三条路径访问人工智能（元宇宙）。人工智能可根据不同人的精神需求提供游戏场景和体验，从而让人工智能加持的电子游戏更容易存在成瘾机制。尤其是针对人们在现实中通过艰苦努力才能达到的或根本无法企及的目标，在交互式虚拟现实世界中可以轻松予以实现，这种模式极其容易弱化人们在现实社会实践中的斗志和进取精神，更容易让未成年人形成新的精神依赖，进而放弃在艰辛的现实中通过自身努力奋斗来实现来之不易的梦想。因此，有些专家呼吁国家有关部门重视人工智能的负效应，完善监管制度建设，以防止其剑走偏锋，破坏人类社会自身的健康，并呼吁企业主动承担起社会责任，以利国利民的人类长远利益为标尺，趋利避害研发布局人工智能的内容和产品，避免人工智能的内容和产品沦为人类的“精神毒药”。

4. 不科学的数字赋能社会治理也可能变成数字负能

实践和经验不断提醒人工智能的风险，应用对象和场景的失控或管理措施的缺失，都需要审视多方主体法定职权和主观动机。哈耶克在《科学的反革命》中说，滥用科学“把一个个活生生的人描述成‘毫无生命的自由原子’，他们消解了伦理道德，他们追求价值中立，驱逐价值判断，最终把人类社会引向奴役之路”。要警惕唯科学的错误方法论会带来怎样的危机。当前，人工智能等技术纷纷成为提高社会治理能效的助手。数字赋能基层治理形成“赋权社会”和“赋能政府”逻辑结果，数字赋能优化政府治理资源要素循环、重塑治理模式以及提供“技术工具箱”，通过信息权、审批权等流程重塑了权力逻辑，按照科层和协同逻辑在组织体系、行政规则、治理能力和技术层面重构关系，创新了上下耦合、协同互促的纵向治理体系。由于部分干部政绩观错位，把数字化项目视为标新立异、吸引上级注意的“政绩工程”，而非契合实际、满足干部群众需要的“民心工程”，形成“只唯上不唯下”的不良现象。另外，基层数字形式主义与配套制度机制供给不足密切相关，忽略群众参与和诉求，简单化追求数字建设完成率指标，注重外在“面子”，轻视内在治理效能的“里子”。另外，基层干部数字素养欠缺和知识技能短板，难以有效解决数字项目开发建设、运营管理中涌现的问题。人民对数字赋能基层治理具有基础性作用，是受益者和阅卷人。面对复杂的社会系统，要量化分析治理目标与现实冲突，防止出现合成谬误，避免因局部合理政策叠加而造成的负面效应；要防止分解谬误，避免整体任务简单一分了之，更不能层层加码。要警惕“技术至上”思维，明确政府部门主体法定权责边界，聚焦技术伦理与权益保护。要防止基层治理数字形式主义和技术滥用，应基于人文精神强化基层干部对技术的认知与绩效理解，形成规范安全、权责统一、技术互促、便捷高效、多元参与的基层治理数字生态。人工智能技术的运用不仅是合法与否的问题，更是关乎人类自由命运的大事。人工智能技术专家在设计人工智能程序和设备时很少考虑相关伦理和法律制度的约束。现实社会需要构建良性协作和社会秩序，任何人都不能强调绝对的自由和不受约束，人工智能技术同样应受到相关法律制度的制约，如果没有健全的法律制度，那么人工智能技术所产生的社会风险问题就会撼动社会基本稳定。虽然国外已出台了一些相关的法律制度以平复人工智能技术所带来的民众不满，但法律制度总是滞后于技术的发展，人工智能技术的复杂和迭代速度，常常使法律实践处于尴尬境地，难以有效遏制人工智能对人类社会颠覆性的改变[①]。因此，面对人工智能可能带来的社会风险，亟待构建透明可控、开放共享、运行安全、责任明晰的善治格局。

---

① 参见张文杰：《基于风险社会视角下的人工智能技术风险》，《中小企业管理与科技（中旬刊）》2019 年第 1 期。

二、人工智能社会风险成因

造成人工智能技术失控并形成社会风险的主要原因是当前的人工智能技术研究和监管缺乏法定或行业公允的管控标准。当前，学界对人工智能技术失控与社会风险的成因现象研究较多，但提出有效措施的少，且多重风险针对性不强。不同的利益主体在一项技术上的利益诉求和风险伦理感知不同。例如，科技人员研发技术意味着名誉和金钱，企业推动技术研发意味着市场，用户使用技术意味着效能。各方在对待人工智能技术失控与社会风险的感受上存在差异。因此，进行人工智能风险分析，首先需要考虑的就是“谁感受和认知的风险”，另外，不同人对法律、隐私等的敏感程度不同，有人无所谓人工智能追踪其行程，但有人对此高度敏感。从“时限”的视角出发，人工智能技术失控与其所带来的社会风险还可能体现在不同时点影响不同、不同地点风险扩散不同、不同组织框架下风险处置和等级也不同等多个方面。

1. 人工智能自身缺陷和人类知识获取风险

人工智能的设计初衷要符合人类整体利益，即通过程序和算法智能造福人类社会。虽然各个研究机构和开发者都在力图消灭每一个错误与崩溃现象，及时训练和添加数据，校验有效与无效策略，然而，当程序和算法只存在微小的缺陷时就足以形成未知的风险和挑战。人工智能的缺陷大体涵盖人工智能程序、算法和设备存在的缺陷和长期以来因人工智能导致的人类社会功能性“退化”两个层面。程序和算法的缺陷导致机器决策和人类决策失误，常见的算法歧视、数据泄露、伦理冲突和决策失误等问题。人工智能需要不断进行训练，因此，在起初的输出中出现偏差和错误的概率极大，如图 3—1 所示，由于人工智能系统的望文生义，导致其生成的绘画令人啼笑皆非。人工智能绘画作品出现的这种偏差尚可理解和接受，若是在城市管理、金融系统、生命健康等事关重大的领域出现此类偏差，那么其所造成的损害将是难以估量的。

图 3—1　人工智能错误理解导致输出错误

长期依赖人工智能完成工作，人类必然会形成自身的弱化或退化的趋势，甚至丧失基本的学习能力，进而给人类生产生活能力带来严重影响。人工智能技术已经发展到可以撰写小说和新闻稿，这是利用了巨量既有文本与书籍进行数据和模型训练的结果。深度学习算法模型可以将单词和短语串在一起生成复杂的句子，完成一篇完整精彩文本，其作品与人类撰写的毫无差别。这种人工文本模仿能力使得人工智能完全可以在将来控制人类的知识获取和情感偏好。如果人工智能写作系统出现偏差，就会引导人类的价值和知识系统产生偏差。此外，ChatGPT 还对教育和学术领域的传统模式提出了挑战。由于收到大量人工智能生成作品的投稿，美国著名科幻电子刊物《克拉克世界》不得不一度关闭投稿通道；著名科幻杂志《阿西莫夫科幻小说》在不到一个月内就收到了二十多篇题材和内容相同的投稿，这一切都是因为有些人利用 ChatGPT 等大型语言 AI 快速“生产小说”。某国外大学生发帖称，自己利用人工智能写论文、写作业，撰写老师布置的电影和书的观后感，结果门门功课拿到了 A 级评价。在一些高校甚至中小学，学生用人工智能写作业已非个案，这也让学校和教师产生了极大的忧虑。为了防止学术欺诈和剽窃，许多高校宣布禁止师生在教学活动中使用 ChatGPT 等基于人工智能创造的工具，多家科学期刊亦发表声明称，不接受论文将 ChatGPT 列为“合著者”。此外，ChatGPT 未经授权获取海量文字信息的预训练方式已引发争议和不满。推特（Twitter）前首席执行官埃隆·马斯克就公开宣布，叫停 ChatGPT 访问 Twitter 数据库来获取训练数据，声称“需要更多了解 OpenAI 的治理结构和未来收入计划”。欧盟负责内部市场的委员蒂埃里·布雷东也于 2023 年 2 月公开发表评论称 ChatGPT 一类的人工智能技术可能为商业和民生带来巨大的机遇，但同时也伴随着风险。因此，欧盟考虑设立规章制度，以规范其使用，确保向用户提供高质量、有价值的信息和数据。

2. 人工智能导致人类失业的显性风险

在医疗领域，传统的医疗诊断需要医生根据各种检测报告判断病因和病程，判断的准确率可能远不及人工智能专家系统的成效。而且，人类的工作效率远低于机器：培养一个优秀的医生需要二三十年的时间，期间需投入大量的人力、财力和物力，而现今的人工智能专家系统展现的经济性、准确性等远超一般人类医生。在其他领域，比如客服领域，人工智能完全可以 24 小时不间断执勤，而不受法律和其他条件的限制。因此，人工智能制造了人类失业的显性风险，而且这种风险随着人工智能不断在各行业发展而迅速扩大。流水线上的机器人替代了工人，人工智能信息检索技术替代了传统图书资料员和教科研人员，使用简单的 Phython 程序瞬间就可以实现一个传统教师几年的科研信息文献检索工作。虽然有新的岗位需求弥补了总岗位需求的失衡，但显性的失业风险已席卷全球，全球未来 5 年内将有约 15%的劳动力被人工智能所取代。虽然有学者认为，根据前几次工业革命的历史经验，技术革新造成的失业将会被新创造出的就业岗位弥补，不需要被人工智能带来的短期失业潮焦虑，甚至有人认为人工智能时代将创造出当下无法想象的足够庞大的就业岗位。然而在这种看似可慰藉的美好将来中，谁又能保证人工智能技术革命所造成的就业岗位效应与前几次技术革命能够完全相同呢？就算能创造出新的就业岗位，这一过程或许并非一蹴而就，失业者可能也要面临新的职业培训，而且短期的巨量失业所产生的冲击对于社会和政府来说都不可承受。历史研究表明，失业率和犯罪率、阶层冲突存在正相关关系。任何一个现代社会都面临着出现经济问题导致政治危机的隐忧，这也意味着失业率的提高会导致严重的社会动荡。历史的经验同样表明，如果不能解决好就业问题，失业者陷入困顿后可能成为易于聚集和被煽动的“愤怒失业者”，社会动荡和政治危机则不可避免。对于将发展经济和民族振兴作为职责的政府而言，促进和稳定就业作为一项无法规避的政治任务，也一直被视为国家的政治任务和检验政权合法性的重要标准。无论施行何种制度和治理模式的国家，都必须维持其社会基本秩序、提高社会协作效率和公平正义、保障社会个体的生存安全与合法权益。稳定的就业机会和足额的劳动报酬是社会绝大多数个体生存安全与合法权益的根本诉求和途径。过高的失业率不仅可能酝酿动乱，甚至会导致政权更迭。因此，社会发展不能过度强调效率优先，生产效率问题不能简单被视为经济问题，关联着公民就业就是一个现实的社会问题和政治问题[①]。

3. 人工智能形成公民权利非典型克减风险

在人类社会漫长的演进过程中，资源占有支配权、政治生活参与决策权等赋权以及消权、权力替代、权力继承等都是历史的主角，关于权力的历史始终伴随着人类社会的演进史。人类发展史可以看成社会权力产生、权力运用和权力约束以及权力分配与再分配的演变史。权力既有自然资源和社会资源的占有权，更决定个人、群体、民族和国家的生存和发展，因此，权力是政治和社会运行的核心要素，是政治和社会的运行结果。经过人类文明的反复演进，人类社会形成了现代社会公民权利的基本框架和制度保障，在人类社会框架下，国家是超越

---

① 参见鲍柯舟：《人工智能治安风险及其防控研究》，《铁道警察学院学报》2021 年第 4 期。

一般组织和个人的最大权力拥有者，它制定法律和各种社会权力系统，提出社会发展的目标、共识和规约，维护社会运行秩序和协作机制。国家在公共部门的职权划分和其他社会组织的权力让渡形成了国家整体的权力系统网络。在长期的博弈中，权力系统呈现出在权力共识下的动态平衡，而个人的权力则镶嵌在整体权力系统之中。法律赋予公民的权利是不可侵犯的，而人工智能则可能动摇长期以来形成的公民权利地位。人脸识别是人工智能技术中的标志性应用，因其在对环境以及人与物的捕捉分析和判断上远超人眼和处理能力而被广泛应用于行为管理、安防、金融等领域。但由于技术架构可能存在的不足以及分析数据量不足、数据种类单一等，人工智能识别算法更容易在识别服装、肤色、儿童等人群中出错，因而被西方国家视为“算法歧视”。人脸识别系统的厂家和用户负有共同的社会责任，确保人脸识别通过对偏见的纠偏，保证服务不悖伦理，而非单纯考虑商业利益和管理职能。目前，在我国应用环境中，人脸识别等一众新技术仍在不受控制地野蛮生长，行业中有共识无治理，国家的监管看似很强，但管理过程存在粗疏，往往是在恶性事件曝光之后进行事后监管。比如，当前各类学校越来越重视采集学生平常在校园的出行方式以及活动规律，而传统的学生行为管理往往是经验的、路径依赖式的管理，无法主动掌握学生校园危险行为发生的特点和规律。对于承担较大社会责任的学校管理者而言，一旦出现校园事故，无论责任方是否为学校，网络舆情和上级的责任追究都是不可承受的压力。如今，对学生情况的调查只停留在依靠人工上，这种调查费时低效，因此，学校急需要“前置式”的管理模式创新，并可据此作出提前的研判和处置，学校希望能够通过在关键出入口、通道等卡口位置布置人脸识别摄像机，对经过的学生进行抓拍，记录学生经过的时间，从而模拟分析学生行为轨迹，进而挖掘和预判出学生在教学活动、校园生活、社交关系中有价值的信息。有了基础数据后，再通过建立基于智慧化校园行为管理平台，就能够进行教学诊疗、异常行为预判和报警、校外人员安全管控等。就如有些高校已开展了基于大数据分析的贫困学生识别与资助，又如其对于教职员工和学生的社交群体、价值和行为偏好、生活轨迹等进行深度分析和预警，一旦通过深度挖掘，发现学生存在异常心理问题，就可以派发警示信息以提醒相关人员进行干预和重点预警①。学校的以上决策看起来无可厚非，但是否征求过教师学生意见，是否能保证教师和学生的隐私不被泄露，事实上是无法得以保证的。随着人工智能时代的到来，既有的权力系统的平衡将被打破，智能技术将

---

① 参见邓逢光、张子石：《基于大数据的学生校园行为分析预警管理平台建构研究》，《中国电化教育》2017 年第 11 期。

强化国家公共部门和部分社会组织信息收集利用的能力，使公共权力的中心化和去中心化的平衡在信息能力维度产生变异，这也使得信息能力强化原有的权力以及个人和弱势组织将进一步缩权成为可能。尤其是人工智能技术的极度复杂性，导致能够掌握这种技术的主体必然是极少数人和组织。人工智能的“灵魂”是算法和数据，只有公共部门和特定企业能够存储、使用数据和算法，绝大多数个体和组织以及企业享受到的“人工智能的技术赋权红利”仅仅是这些公共部门和特定企业外溢的微薄红利而已。公共权力、资本和人工智能技术垄断地位的结合，使物流、金融、交通等诸多行业不断形成权力的偏移，个人或规模较小的公司在数据和算法的竞争中必然会被弱化。在传统社会，经济上的反垄断是为了保护经济生态的平衡。在人工智能时代，反垄断就是保证生态系统的多样化，以维护弱势个人或较小公司的生存权。

4. 个人隐私风险被人工智能技术无限扩大

人类文明最显著的标志之一就是个人的隐私。人们穿上衣服、拉上窗帘，努力保护个人的信息不被别人探知和打扰。隐私权保护是一种博弈战，人类社会的文明发展的进程也是对隐私保护博弈的进程。当一个人处在一个群体或组织中，其他群体成员或组织往往会要求其公开信息，防止不忠或背叛出现。

公共管理部门力求掌握更为精准的人口资源信息，以便于管理，而个人或组织又会尽量维护自己的信息不被外泄。在一个正常社会中，无隐私即无自由，个人理应拥有正当的权利，反对任何组织随意获取自己的个人生物学数据。掌控数据的人和组织不可能保证他们是圣洁而高尚的，每个人和组织都可能有私欲与弱点，所以，其是否会通过操控个人数据侵犯公民权益是不得而知的。法律之所以要保护个人的隐私权与住宅自由，就是要让个人有自治的实体和虚拟空间。这里的他人，不仅仅指其他的个人或是一般的组织，也包括政府甚至国家。倘若也能以安全和管理为名未经本人同意而随意获取个人的生物学数据，则是违背了法律上对隐私权的定义。商业机构以高收益、新鲜感或是特定功能为突破口，让人们“自愿”地使用和体验人工智能设备或技术。由于活动中存在信息告知不充分的问题，很难认定这种行为是有效的用户同意，故其商业推广行为存在合法性质疑。公权力部门比商业机构更易于侵犯个人信息，所以，真正令人恐惧与担忧的是个人信息被公共部门所滥用。商业机构滥用个人信息谋求的是钱财，而公共部门滥用个人信息是无法知晓其目的的，可能会付出的代价包括自由、财产、名誉、职业、亲情或是生命。有些不法分子借用 AI 生成特定照片谋取非法利益，如生成美女图片和视频，并将其发布在网络上以吸引粉丝关注。制作者可运用 AI 程序制作出特定的五官、服装、形态及动作的虚拟人物形象，一般受众难以辨别真假，要仔细分辨细节才能看出些许端倪。AI 做出真人照片般的绘图效果被用于诈骗，后果将会十分严重，尤其是已经出现利用真人的相貌、声音合成淫秽图像等，给当事人造成了极坏的社会影响。工具、技术没有原罪，从中作梗的不是技术，而是邪恶的人心。

在现代社会，通过法律和道德伦理建设能够给予个人和组织以隐私权保护，但这种保护更是对个人隐私的有限权利设定。除了规定的权利之外，个人必须公布其他的信息，比如为了疫情防控，必须公布健康码和行程码，否则就涉嫌违法。而一般基于人工智能的人脸检测包含检测并定位视频流或者识别图片中的人脸，使得人脸识别技术可以在实际场景中实现非主动配合式快速识别处理。通过人工智能进行活体检测和情绪识别，可分析检测到的对象的情绪，对识别对象进行行为分析和属性分析，其中包含大量的个人隐私信息。因此，个人隐私权的保护是脆弱的，而脆弱的个人隐私权的保护到了互联网时代则面临着更加微妙的处境："人肉搜索"可以将一个人的信息无限传播，人工智能则可以将包含每个人生物特征等隐私信息在非其本人不知情的情况下被获取、被传播、被利用。这种技术上的破防，使人们不禁开始担心人工智能是否会威胁自己脆弱的隐私。这种担心并非杞人忧天。现在，人工智能的技术已经可以从异构、宽泛、混沌的数据中，通过算法进行精准分析和推演，使人们刻意隐藏甚至是自己都不知道的隐私信息被呈现出来。“数据即石油”的概念被广为接受，从企业间竞争到国家间竞争，无不重视通过人工智能获取更多信息数据。人工智能技术、大数据技术、物联网技术等以及各种工作与生活智能设备的人人互联、物物互联、人物互联广泛实现，个人的身份信息、价值行为偏好、常用 IP 地址、地理信息、社交关系、网络通信、消费和金融交易、物理活动位移等数据都会被记录和存储。当然，有人愿意享受“个人的私人订制”服务，但这种服务必然是个人隐私权的让渡，因为离开人工智能和数据的完整个人画像，这种服务往往是无法做到十分精准的，但谁又能保证公共部门和企业不会利用所掌握的各类型数据来进行扩权和其他利益变现呢？

5. 社会结构塑造和治理伦理风险

人们担心人工智能对人类社会的塑造和改变是不可逆的，就像蒸汽机的出现，让人们难以回到农业文明时代。毫无疑问，人工智能将会对人类社会产生系统性的影响，它既创造了机遇，也产生了风险。个人对达到美好生活的追求不仅是物质需求，还需要丰富的“社会意义供给”，也就是所谓“生命诚可贵，爱情价更高，若为自由故，两者皆可抛”。人工智能对社会意义的塑造是开放性的，必然从不同场域建构出更为复杂的“社会意义系统”。但是，“社会意义”需要达成社会共识，否则就会对传统社会道德和伦理形成冲击。当然，社会发展也不能局限在固有的认知中，也要积极乐观看到人工智能技术重塑社会与个体人生的正效应积极意义。人工智能在特定领域呈现的超强技能也会让人产生“敬畏和沮丧”，比如，论文的查重，使论文创作者不得不采取规避查重的手段。就如有了洗衣机，很多人就不会自己洗衣服，也就是路径依赖导致了自身能力的弱化甚至丧失。有些人也担心，人工智能拥有数据和对数据的控制权，最终导致了社会决策权的转移和管理的被动。公众在人工智能的作用下，容易在价值判断和行为上被技术异化，尤其是高度指向性的数据标准、技术政策、平台管控等，容易使人形成思维定式、行为定式，这就在事实上形成了人类被人工智能“驯化”的结果。利用人工智能推动基层公共服务和治理便捷化、智能化、精细化供给，也会面临不同利益群体的伦理困境和道德选择，进而暴露出更多的伦理问题，如隐私保护与信息公开、治理效能与权益保护、社会风险与群众满意等。选取人工智能方案、管理架构和数据规则时，决策者往往会忽略对公众伦理的观照。决策者、技术开发者等往往占据强势地位，而群众则处于弱势地位，无法规避技术侵权，诸多案例就曾暴露出人工智能中激烈伦理冲突。同样，在电子政务、智能交通、智慧城市以及综合治理等领域中也存在着技术路径依赖现象，间接导致了人工智能管理流程粗疏、技术和设备滥用以及被商业利益绑架导致数据不当收集、个人隐私泄露等现象的出现。人工智能的数据标准、技术政策、通信标准、平台管控、业务集成、审批流程等都可能有高度指向性和强制性，一般群众无法辨识“算法陷阱”和主张合法权利。人工智能客观上会导致并加剧信息壁垒、数字鸿沟等违背社会公平和共识现象，因此，需要警惕“技术至上”思维，以消减由数字鸿沟导致的社会焦虑。看似善意和理性的假设都可能失去控制或被公权力放大应用边界，为此，有必要通过伦理评审来防范相应风险。因此，需要对不同级别、不同类型的人工智能项目进行差异化规定，以明确“知情同意”、应用范围和时效性等问题，让群众能够有“关闭算法”的选择权。要明确数据获取、传输、使用规则，并进行必要技术合规性审查，建立数据防火墙，划定技术“红线”，结合隐含环境效应统计测度与评价，以多源异构数据融合方法研究风险规律。

6. 人工智能影响信息生产形成“信息茧房”

人工智能算法推荐已成为各类平台社会性信息分发的主要方式。人工智能算法无论被哪一个层级的传播管理或利益方使用，算法推荐都会通过对推送信息内容进行特征化审核、隐匿处理、对用户进行特征画像和主题语义推荐的特征化信息推送，并通过算法推送或屏蔽特定的新闻、视频、评论等，从而轻易过滤掉管理者不认同的信息，形成用户感知信息的“信息茧房”。算法推荐重构了媒介生态格局，使人类长期浸泡在同质偏好的信息环境中，形成人们社会意义系统和网络意识形态的塑造和引领。在网络新闻和发帖的评论区，很多评论并非真人，往往是带有人工智能属性的“社交机器人”，这些智能机器人可以实现庞大的发帖量。从社会新闻到体育新闻、从时政新闻到国际新闻，“社交机器人”无处不在，平台系统可能配合给予大量的赞，而且普通用户无法识别。随着人工智能机器学习技术的发展，“社交机器人”开始逐渐具备信息识别能力和信息内容生产能力，它们不仅可以撰写发布已经事先策划好的文案，还可以根据新发布的新闻内容提取有倾向性的信息，随后发布非常逼真且有侧重点的言论。一般用户无法识别“社交机器人”的真伪。这些“社交机器人”已经通过了“图灵测试”的技术标准，典型的案例就是“微软小冰”。这个由微软北京、苏州及东京研发团队研发的人工智能交互主体已经是互联网上的一个“名人”了。“社交机器人”不断学习着人类的发帖习惯，其能够创造和响应与人类具有同等语气和质量的网帖，并已经走出了初期“人工智障”的阶段。许多人接到客服机器人打来的电话，发现甚至可以正常通话和聊天。有学者研究认为，当前全球网络用户之中，超过一半都是伪装成人类的社交机器人。这些人工智能社交机器人在网络中被大量使用，可以简单实现为某些品牌宣传背书。更多的社交机器人则可能伪装成人类，表达其背后力量设计好的思想，从而发现热点、引导舆情，进而在舆论场中有效地“带节奏”，实现特定的商业公关或政治目标。相比传统的“水军”，“社交机器人”组织性高、保密性好，不受工作时间限制且价格低廉，因此，一些机构更愿意采用“社交机器人”造势，以实现对舆论场走向的控制。这一趋势正逐渐蔓延至文化、娱乐、制造业、金融等领域。比如，在新产品上市之前，除了召开传统的新闻发布会和活动进行造势外，机构更愿意通过“社交机器人”打响舆论战，在网络上大量刷分，并贬低其他品牌。随着算法的复杂化和隐匿身份技术的发展，“社交机器人”藏匿身份的手段更加高明，其发帖习惯和上网行为特征和普通人无限接近，一般社交平台和监管机构难以对此进行监测识别。2016 年美国总统大选前夕，就有人指控俄罗斯干预了大选，推特（Twitter）中出现了一批形似拉丁裔传统人名和类似其他族群人名的推特账号，它们使用着看似“真实”的头像，并在社交媒体中表现出真实用户习惯行为的特质，但推特这些社交平台却无法鉴别倾向性的网帖和评论是人工智能还是真人。其实很多平台与社交机器人操控者之间是利益关联方，甚至就是平台本身，因为社交机器人隐藏再深，只要稍加技术比对，就可能发现社交机器人行为轨迹的“猫腻”。当然，操控社交机器人的策略也在发生变化：平常，社交机器人处于潜伏或零散发帖的状态，而当遇到突发事件时，则会有组织、有节奏地显现，传播误导性信息以误导事实真相。

7. 生态伦理风险不容小觑

除了人类自身的发展，在自然资源的竞争中，人工智能技术也存在着生态伦理问题。比如，采用人工智能技术进行基因编辑和品种选育，这些行为干预了自然生态的进程。又如，算法和硬件支撑的人工智能技术必然会带来高能耗问题。在现代社会的普遍认知中，算法和硬件支撑下的人工智能技术带来的巨量能源消耗近乎一种原罪。一位科学家在 2019 年发表的论文中披露了大型语言模型在碳排放上所具有的超乎想象的环境破坏力。用一种知名神经结构搜索方法训练出的特定语言模型，使用后会在一个月中产生将近 300 吨二氧化碳，大约相当于 5 辆小轿车长达 5 年的排放总量。比特币挖矿对全球能源巨量的消耗、谷歌搜索引擎的语言模型训练产生的二氧化碳相当于从纽约到旧金山往返航班的碳排放量。近年来，国际气候重要议题中的“碳中和”已是人类社会发展的广泛共识，人们开始逐渐认识到“在区块链中挖矿”和人工智能无限制算力所追求的高耗能就是在允许大型科技企业掠夺环境资源。人工智能给生态环境的承载力带来巨大的消耗，使人们追求的低碳理想受到冲击，人们不愿看到人工智能最终威胁到人类自身的可持续性发展。

三、人工智能社会风险的复杂特征

1. 人工智能计算的复杂性

科技对于很多人存在着技术壁垒，但通俗易懂的各种神奇传说也在社会中广为流传，甚至出现在一些学科研究和教学中。比如，有一个关于啤酒和尿布数据挖掘的轶事就十分经典，以致许多人认为这是能够说明人工智能传统状态的有效例子。正如故事所言，对超市交易的分析显示，商店通过将啤酒和尿布摆在一起，可以促进啤酒的销售。尿布和啤酒销售之间有什么关系？据说是一位数据科学家通过数据推测出一个事实：妻子会要求丈夫在下班回家的路上顺便为孩子买尿布，而丈夫们按妻子要求买尿布时，他们常常需要用啤酒来犒劳自己。数据驱动的销售交易分析指出了尿布和啤酒销售之间的因果关系，但人们还需要升级推断客户情绪和心理以促进啤酒销售。换句话说，社会管理中大量需要区分人性有意义和无意义的统计性联系。未来，“情感计算”或“情感人工智能”这一类新的人工智能解决方案将开始思考如何规模化地为技术智商增加情商（EQ）。随着创新者利用下一代深度学习技术来训练机器以及识别和模仿人的魅力、情感等特征，未来十年，情感计算还将继续变化发展。而这些技术也将通过“符号化”和“连接主义”技术将演绎推理和逻辑推理能力嵌入人工智能和人工神经网络。很快，这些技术将能够像人脑一样揭示统计相关性，并确定这种统计相关性是有意义的还是只是缺乏内在意义的支持数据的随机特征。换言之，人工智能机器将能像人类一样更好地欣赏世界，而不只是缺少上下文的 0 和 1 集合，这也代表着我们与人工智能关系的进一步转变。

2. 人工智能系统的复杂性

自 20 世纪 50 年代人工智能出现以来，人们一直非常渴望了解这项新奇技术能够实现的功能和其所展示的科幻世界。人工智能增强了我们从数据中提取信息洞察世界的能力，然而，人工智能的能力增长是指数级的，在我们寻求效率提升和洞察世界的过程中，智慧系统可能会具备一定的情绪敏锐性，若这种情绪真的存在，其将会逐渐瓦解传统的人机认知层次的简单结构。就算是最为简单的基于人工智能的智慧校园系统，整体上由校园安防系统、宿舍管理系统、门禁通行系统、会议签到系统、智能考勤系统、课堂教学评价系统、学籍核查系统、考场/人证核验系统、刷脸支付系统、新生自助报到注册系统等多个子平台系统组成，其单个子系统也都较为复杂，而整体系统就更为复杂（如图 3—2 所示）。在软件开发过程中，我们已知的程序常常存在缺陷，需要不断修补和完善，潜在的缺陷若在一个复杂的软件系统中达到一定比例，就会导致软件运行异常。无论多小的缺陷，从系统论的角度来说，其累加都会导致复杂系统的弱点突出和风险呈现。人工智能本身是为了处理复杂性数据和问题而诞生的，但人工智能技术可能存在脆弱性和缺陷，人工智能技术的学习框架和系统组件可能存在安全漏洞。在研发阶段，个人和单个组织很难单独完成复杂的人工智能系统设计，需要使用外部提供的平台或开源算法，通过多部门多制式系统的协同和积累，就算人工智能自身的编程和设备完美无缺，而叠加在系统内的算法逻辑和应用都难以消除其不确定性。任何一个数据库和算法的瑕疵以及主客观因素的影响，都会导致整个系统在算法设计或实施中出现失误，都可能导致系统性风险。而且，复杂系统自身的脆弱和瞬间数据洪流超过系统承载能力也会导致系统的崩溃。在应用阶段，开发者、决策者和系统维护等各个主体都可能因为主观故意、错误指令或程序瑕疵导致风险的形成，因此，人工智能的风险成因和责任具有分散性和合成谬误的特征。当整个社会管理系统，如智慧城市、智慧交通高度依赖人工智能系统提供的指令时，人工智能就会成为人类社会无法摆脱的基础性核心资源，深度参与社会管理的人工智能系统的崩溃也就意味着社会风险的到来。例如，在疫情防控时，健康码系统暂时的宕机就将使人们无法正常出行。而人工智能的复杂性又导致其维护维修的难度极大。系统设计除了要保证其能够正常完成工作，还要进行安全冗余设计，以保证系统在错误干扰下能迅速重新恢复和启动的能力，不至于因某个错误动作、指令或某个突发事件导致数据丢失和系统瘫痪。因此，应对人工智能风险，应进行系统化多重安全评测和风险排查。

3. 人工智能管控面临的复杂性

就目前而言，任何看似智慧的人工智能系统或设备对外部环境的反应和信息处理都依据前置性的逻辑和程序设计，不管是深度学习还是其他的数据智能，都是外部环境因子触发设定阈值后形成的逻辑结果。从这种意义上来说，人工智能的决策高度依赖既有经验，而这种既有经验就存在着一定的局限性。比如，阿尔法狗可以快速学习所有现存的棋局，但在面对一个特定而从未被收录过的棋局时可能就会导致出现严重的误算。阿尔法狗在棋局中尚有机会对此进行弥补，而无人机、无人驾驶汽车在飞行或行驶中遇到从未录入的外部因素就可能导致出现无法挽回的重大事故。微弱的风险因子在复杂社会环境中也可能酿成多维蝴蝶效应的连锁反应，形成跨时空、跨领域连锁风险堆积和传染。经过渗透传导和迭代，社会风险的发展方向不容易被掌控，其在社会经济、政治、文化等多方面就可能产生失控性风险或作出战略误判。某位专家曾称，数学模型专家推导出特定的社会管控政策是对经济发展成本最小化的决策，显然，复杂的社会系统影响因素已超出了数学模型的计算范围。由此可见，只有强化人工智能系统理解和预测的超范围的外部条件，形成适应对干扰因素的免疫，才能避免发生意外事故。在宏观层面，人工智能管控涉及人工智能战略规划和产业政策、具体项目的执行评价、实施和监督管理、突发事件应对处置机制、事后的绩效评估和总结，而在微观层面，对人工智能的管控则涉及对具体的技术和应用进行精细化风险评测防控。综合各种因素进行系统性风险管理，还需加大人工智能研发链、应用链、社会链多维度的风险评估与管理。目前，有些研究机构正在尝试采用以非常人性化的方式训练人工智能应用程序，使其既能实现广泛用途，又能关注细节。针对人工智能风险责任分散隐蔽的特征，强化人工智能行业集成技术链监测、利益关联方的产业链风控责任意识，形成算法设计、产品开发、成果应用等人工智能研发链、应用链上下游环节的相互风险制约、提醒和监督[①]，避免数据监管漏洞、算法黑箱和隐性风险出现，进而形成风险管控的软件、硬件、数据、运行、决策等环节的人工智能风险管控“生态系统”，并形成岗位责任适配的风险防控机制。为此，应建立风险责任联动机制，以风险责任追究方式厘清责任人工智能风险，形成风险责任联动共同责任。

四、人工智能社会风险的管控原则

1. 人工智能需要从单一“发展”转换到“治理”阶段

第一，人工智能是引领时代科技革命和产业变革的关键性战略性技术，人工智能技术令人充满想象和期待，现代社会经常出现赋能一词，数字赋农、数字赋企、数字赋能，人们倾向于人工智能等技术具有强大的能力效率增强功能，在广阔的公共服务和产品生产领域提供高效的服务和治理，代表的是新一轮科技革命和产业变革的重要驱动作用，并作为社会基础资源要素融入社会经济各领域，人工智能技术的进步不仅仅带动财富的增长，还有社会整体上更多的自由、正义、平等的期待，需要把人工智能作为维护国家安全、提升国家竞争力的重大

① 参见赵磊：《人工智能恐惧及其存在语境》，《西南民族大学学报（人文社会科学版）》2021 年第 11 期。

战略。

第二，智慧城市、智能政务、智慧社区、数字经济、数字赋企、智能金融、数字赋农、智慧医疗、智能养老、智能教育、智能交通、智能安防、智能零售充斥人们视野。不管是国家决策层还是社会、市场或个人，往往对人工智能技术偏向于乐观的期望，就算有悲观预期也不影响出台人工智能相关专项扶持政策。一段时间以来，智能、智慧名头的项目、工程、研究机构和社会组织遍地开花，人工智能技术可以增强社会产品供给和个性化订制，减少具体事务的羁绊。

第三，事物总有两面性，比如针对新冠疫情量身打造的基于人工智能辅助诊断系统就可以大显身手，“新冠肺炎智能评价系统”进行快速诊断及疗效智能分析，但人工智能在识别算法上容易在特定人群中出错，被视为“算法歧视”，个人数据包括识别性极强的生物学数据若被滥用就会产生社会风险的“恶意”。人工智能具有信息不对称、技术不透明的知识门槛，迫切需要探讨如何缩小数字鸿沟避免社会焦虑。面对潜在风险和不可控，人类对其产生了风险和伦理的担忧，不能让人工智能脱离伦理缰绳，必须采取措施应对人工智能的风险和挑战。学者试图从技术边界管理、技术运行管理、技术评审和监管以及法律手段多种角度来规避风险，确保人工智能可控安全，从社会权属关系角度保障数据安全、人的合法权益以及社会秩序、协作、安全和稳定。

2. 保障公民合法权益是技术发展准绳

无论是我国倡导的“人民至上”还是西方自由平等的人权思想，人与技术的关系的思辨是有共识的，也就是技术服务于人、人主宰技术，任何技术不应该超越人的利益和道德。因此，人工智能研发应用始终要坚持服务于人的科技伦理观，人工智能仅作为技术工具，不能任由其冲击现有的道德理念、伦理价值体系；人工智能研究不能单纯强调功能而伤害人类利益，必须符合社会的道德判断和法律法规。在社会治理中的任何人工智能技术都要有技术边界意识，更要划定技术部门和公共部门的权利红线，并充分保证人工智能技术可管控的开启、运行和终结，绝对保障人类主体地位。所有对人工智能的伦理约束是研发者、使用者或研发机构科研活动的科技伦理规范，其实质是保障人类自身利益，保证人类社会的健康、有序发展。当代社会，个人隐私是重要的人权，人类社会发展不应以放弃隐私尊严为代价，要保证社会自由价值的基础不被挑战，应以最低限度隐私损害的代价来获得最大社会经济收益为目标。人工智能技术基于数据收集和分析，必然会形成对人隐私的分析和结果输出，其中，个人画像、社会关系和行动轨迹就涉及大量个人隐私，所以保障隐私数据安全是人工智能技术发展的关键要务。隐私数据安全的保护有几个层面的要求，一是采集数据时精准控制数据采集范围和采集量，尽可能少采集信息而不是所谓应采尽采。二是在运行分析层面控制分析的逻辑层次，避免分析对象的“裸奔”，且尽可能保证分析结果不外溢、不泄密。三是数据采集、存储和使用严守法律和行业规则。为了避免技术应用数据泄露和隐私侵害的次生灾害，在数据采集时，应尊重数据采集对象“知情同意”的权利，设备和程序的使用者应该被告知为什么要采集相关信息和个人信息被谁收集与处理以及可能的收益和损害是什么。凡事都有两面性，由于隐私或监管问题，大量存储在世界各地服务器里的无法被使用的敏感数据无法以新商业模式和新机会的形式产生价值。如果解决了数据共享脱敏技术问题，就可以在高效率、基于云技术的市场平台上购买和出售具有潜在价值的信息资产。将数据与一系列隐私保护技术结合，如全同态加密（FHE）和差分隐私等，就可以共享加密数据并在加密数据的基础上进行计算，而无需对数据进行解密。加密数据使人工智能（AI）和机器学习（ML）变得更安全，也使合规审计变得更容易。人工智能训练数据等超敏感数据可以存储到公共云上，从而使其得到更好的保护，这样就能达到技术和隐私保护的平衡，在保护安全和隐私的前提下共享数据。未来，会有更多的组织寻求建立无缝、安全数据共享的能力，拥有这些能力后，它们可以实现自身信息资产的货币化，同时利用他人的脱敏数据达成业务目标。大量的个人数据也关乎国家安全，因此，在数据获取和储存阶段就应妥当划分数据安全类型，并根据不同类型数据采取相应的数据安全措施，如制定数据加密技术、数据保存销毁和数据使用审批登记制度，严格管控数据发布和扩散，对任何敏感数据的扩散进行审批和相应的脱密处理，如匿名发布、脱敏加密和数据可溯源等。同时要建立数据监测的长效机制，不断动态监测数据的安全漏洞和传播范围，并进行实时安全防范。

3. 维护社会秩序、协作、安全和伦理共识

现在，很多国家和地区都重视对信息技术尤其是人工智能技术的管控，在公共项目中尤其需要审慎为之。欧盟出台的《人工智能伦理准则》强调人工智能多方认同的可靠可信赖，其中就包括应用场景、算法和程序透明。美国电气和电子工程师协会（IEEE）于2017年发布的题为《合乎伦理的设计——希望人类福祉是人工智能系统优先级选项》的报告倡导密切关注与人类利益相关的安全、人类福利等内容，将人类的公序良俗的伦理规范和道德价值观作为人工智能系统设计的优先选项，保障人类社会本身不受侵扰和刻意诱导。美国职业工程师协会（NSPE）、美国机械工程师协会（ASME）和美国伍斯特

理工学院（WPI）等协会也相继出台了人工智能伦理准则，要求将人类科技伦理准则及伦理审查制度嵌入人工智能技术研发和应用中。因此，遵循社会整体的科技伦理标准和法律规范，规范人工智能伦理，避免人工智能技术鸿沟、算法歧视等社会问题，促进社会公平正义，维护社会的和谐秩序和稳定发展已成为当下全球学界的共识。为此，应努力构建人工智能的伦理协调机制，探讨人工智能技术目标与公众互动中所面临的道德困境与伦理选择问题，并通过实证研究明确各主体可能存在的职业角色与伦理责任冲突。通过实验、实践验证倡导人工智能向善和友好性，不能仅关注目标效能、设备堆砌和算法优选，而是应提出在社会共识基础上开展人工智能伦理的研究议题，推进该领域协调机制研究。要推进各自国家完善人工智能法律法规体系，固化政府部门法定权责边界。要健全重大人工智能项目事前评估、事中监管和事后评价制度，坚持分类评审、分级干预，构建评审方式、评审内容、负面清单、监督管理等方面的规范，有序将人工智能治理纳入社会治理领域。要引导公共部门及时总结治理经验和教训，促进形成有序、包容和审慎的社会治理数字赋能规则。

第四章

法律视角下的人工智能社会风险防范

2017年7月20日，我国政府发布了《新一代人工智能发展规划》，该规划提出了我国人工智能产业的战略规划，即到2030年，我国人工智能理论、技术与应用总体达到世界领先水平，实现成为世界主要人工智能创新中心的战略发展目标。该规划从产业布局和国际竞争的角度，对人工智能理论、技术和应用作出了前瞻布局，以期在超强运算能力、芯片研究和智慧算法等领域形成属于我国的优势产业。着眼未来，人工智能必然会影响社会的进程，该规划也审慎提出了加强人工智能相关法律、伦理和社会问题研究，将来要形成人工智能法律法规、伦理规范和政策体系，这也使得有关人工智能的法律以及法律行业将可能迎来一场巨变。基于法律制度的特征，有关人工智能的法律制度相对于社会问题和矛盾存在一定的滞后性，但关于法律问题的思考应该是前瞻的，相关“人工智能＋法律”的研究应具有前瞻性，因此，在审慎推进人工智能创新中的人工智能终端设备法律地位的判定、人工智能生成作品和数据化资产的知识产权归属和责任认定、人工智能主客体行为认定、人工智能技术损害后果的责任分担、法律控制人工智能风险等问题上应该做到未雨绸缪。就目前而言，司法系统和学界已具备对一定的相关法律问题的研究基础和研究成果，未来可在审判实践中逐步积累经验并探索出一些可行的司法实践。

一、人工智能主客体行为的法律分析

1. 如何定义人工智能系统和设备的社会行为

人工智能本身属于科学技术范畴，但人工智能技术应用和人工智能产品具有具体的社会行为意义。现行体系下，人工智能技术和人工智能产品是否具有法律人格并不明晰，能否参照一般意义上的工农业产品对人工智能产品进行认定存在现实困惑。形成这种困惑的原因是人工智能技术和人工智能产品具有一定程度的“独立思考”的能力，其与一般工农业产品的技术属性存在较大区别。若将人工智能技术和人工智能产品视为具有类人智慧，那么，是否应该赋予其有限的法律人格？一旦人工智能具有有限的权利义务，其又会涉及更多的法律问题，比如知识产权问题：人工智能系统和人工智能设备是有明确主体归属的知识产权和财产所有权，以此推论，人工智能技术和人工智能产品就不应具有独立或有限的法律人格，因此其所造成的隐私权问题和其他类型实质损害就不能被认定为人工智能技术和人工智能产品的法律责任[①]。人工智能系统或设备可能产生的社会行为及其能力的发起源自于人工设计，其社会行为及其能力影响者强调的是人工智能系统或设备中没有任何自主社会行为及其能力相关设计。若是有现实的社会行为或能力，也是设计者意图的社会延伸，是由于设计者将其思想与社会目标预先嵌入人工智能系统或设备中，应视为当外部环境触发人工智能系统或设备设定阈值后人工智能的自动反应和执行。关于赛博格[②]（Cyborg）机械化智能化有机体如何理解。赛博格体由机器和人或其他动物融为一体，其思考和行动一般由有机体控制或由人工智能提供决策辅助，法律上可以简单将其行动定

---

① 张旭、杨丰一：《恪守与厘革之间：人工智能刑事风险及刑法应对的进路选择》，《吉林大学社会科学学报》2021 年第 5 期。

② 赛博格（Cyborg），又称电子人、机械化人、改造人、生化人，即机械化有机体，是以无机物所构成的机器，作为有机体（包括人与其他动物在内）身体的一部分，但思考动作均由有机体控制。通常这样做的目的是借由人工科技来增加或强化生物体的能力。

义为机械辅助的合体的行为。但当出现由人工智能辅助或强化的合体的社会行为时，其在法律上应如何予以定义还需要探讨。有些学者认为，智慧系统的社会行为及其能力是可以通过前置性伦理进行设计的。也有学者认为，在运行环境中，人工智能系统或设备能自主理解和遵循社会伦理价值或社会行为规范，其做出的社会行为与决策是不可控、独立的。以上两种理解决定了人工智能社会行为不同的法律地位。

2. 强弱人工智能的社会行为认知

当自然人利用人工智能技术和人工智能产品实施故意犯罪或造成过失侵害时，其在法律认定上容易形成分歧，需要讨论适用于具体错误的法律情形。有些专家认为，在采用传统法律认定人工智能社会行为的法律责任时，应鉴定涉事人工智能的智慧是否达到自主意识水平。人工智能在技术分类上就分为弱人工智能和强人工智能，因此，不具备自主意识的弱人工智能就是典型的工具形态而非人。首先如何认定弱人工智能和强人工智能，这种技术鉴定本身就存在争议。就如木质棍子能否形成锐器一般，这种界定是需要看具体的加工和使用环境的。就算是一般意义上的弱人工智能技术和产品形成了实质侵害，也需要鉴定人工智能的决策者、研发者还是使用者是否故意或存在过错。经过跨学科鉴定，当仅仅将弱人工智能技术和产品作为实施犯罪的工具时，所有民事、刑事责任应当由有主客观故意和错误的人工智能技术和产品的决策者、研发者及使用者承担。而强人工智能形成的社会损害，不能简单认定其结果是由人工智能的决策者、研发者还是使用者的主客观错误或故意造成的，还应依靠技术力量深入分析强人工智能的内在技术逻辑，并通过实验验证具体情形，以此因果关系来推论确定责任划分。比如，在认定自动驾驶汽车属于强人工智能还是弱人工智能时，如果一个人驾驶 L1 级汽车造成车祸，驾驶人就应承担事故罪责。若鉴定驾驶程序、机械和系统缺陷，就应由汽车制造企业承担责任。在无人驾驶汽车产业链中，无人驾驶系统和汽车制造商可能不是单一主体，他们之间的商业合作模式也可能不同。无人驾驶系统的数据训练和算法都需要研究，这也导致了事故认定难度的增加。况且，当一个人驾驶 L5 级无人驾驶汽车时，驾驶人到底是驾驶人还是乘客本身就有争议。此时，如按乘客认定，出现事故时乘客就不应承担罪责。若鉴定系驾驶程序、机械和系统缺陷造成事故，就应由汽车制造企业承担责任，但驾驶程序、机械和系统若没有缺陷，或缺陷概率在法律许可范围内，就难以认定制造商的法律责任，但具体形成的事故属于乘客的指令还是汽车也存在争议。尤其是处于智能交通情况下还要考虑具体的交通通信场景和智能地图，以上外部条件都可能产生误差导致事故的发生。L5 级无人驾驶汽车是否属于具备了人类的自主意识，有无可能产生实施摆脱乘客控制的行为无法认定，就算是由无人驾驶汽车的自主意识导致的事故，作为无人驾驶汽车，一个物体也没有赔付能力，就目前而言，乘客可能被判定承担全部赔偿责任，而无人驾驶汽车制造商则可能被判负有连带赔偿责任。

3. 现行法律对人工智能案件的适用

在我国现行法律体系语境下，有“过于自信过失”和“疏忽大意过失”两种法律情形。例如，人工智能技术或产品的法定责任人或所有人已经预见到其技术或产品的行为结果和运算逻辑有可能超出可控制概率的底线，认为事故概率可控进而未采取有效预防措施导致实质侵害和危害发生，这就是“过于自信过失”。认定为“疏忽大意过失”的就在于相关责任人没有预见到有可能超出可控制的概率底线，才未进行相应有效管控措施，进而导致实质侵害和危害的发生。人工智能技术是典型的多元系统协作的结果，其算法、设备和架构都可能是不同的研究机构的产品，算法、设备和架构之间存在着匹配问题，算法需要不断训练优化，这种复杂的耦合系统风险点本身就难以判断。若采用开源的算法，其底层平台存在缺陷导致的事故和风险以及其法律责任如何鉴定等就对技术鉴定提出了极高要求。人工智能系统与一般产品不同：一般产品实现销售后，虽然也存在售后服务，但人工智能系统的售后服务还包括使用培训、远程服务、代码升级、系统运维等一系列更为紧密的售后联系，任何一个环节疏忽和缺陷都可能导致人工智能系统出错。系统还容易在深度学习中受到污染数据和单一强度数据的误导，以致产生输出决策的偏差。由于人工智能技术的复杂性和存在产品的技术壁垒，在现实司法实践中，法官难以进行一般性技术认定。对于人工智能技术或产品的法定责任人或所有人是否预见到了风险并判定过其事故概率，一般鉴定中介机构也无法给出鉴定结果，所以常常简单把涉及人工智能的损害案件适用意外事件和不可抗力，以实际损害程度的结论进行民事赔偿判决，难以认定追究责任方的刑事责任。这种司法实践困境也提醒我们需要对人工智能技术和产品的相关法律责任研究进行深入探讨。

二、人工智能社会风险法律管控原则和价值导向

面对人工智能的社会风险，采用法律管控是一种有效手段，但法律管控的松紧和管制价值方向都将深度影响人工智能的研发，现阶段还是应秉承宽松有度的原则以支持人工智能的发展，既不能因噎废食，也不能放任自流，要以适度规制的原则创造人工智能良好的发展环境。要科学预见人工智能可能带

来的社会经济风险，确立正确的科技伦理观、科技价值观、风险观和制度观，就要通过法律规制引领人工智能技术有序发展、趋利避害。

1. 事前情况的豁免

“法无禁止即可为”是一般意义上的法律原则，但对于技术研发远超人们认知的人工智能来说，这一原则就可能不再适用。比如，法律未对人工智能技术使用范围、频次和深度进行规约，但人工智能技术使用范围、频次和深度的不同可能对人们正常生活有不同的影响，并不能因“法无禁止即可为”而放任技术无限打扰人的生活。法律要确保社会公平和每一位公民的正常生活不被打扰，使每一位公民免遭因他人频繁任意过错行为而带来的伤害。《中华人民共和国民法典》规定豁免的限制原则即“法律不强求不可能之事”，思考涉及人工智能的罪责要从适度性、合法性原则和法治动态发展来衡量，保障个人免受侵害和合法罪责均衡豁免。要根据《中华人民共和国刑法》和相关法规准确适度适用具体定义承担责任的定性。法律管控是具体行为的全面全流程规制，因此，对于涉及人工智能的案件，要用从研发阶段、实施和应用决策来全方位认定实施合理、合法的全流程监管责任和义务，以此明确推导相关责任方的法律权利和义务，形成公允的法律裁定标准。

2. 责任认定标准的动态精准调整

责任认定是司法审判实践的重要依据，要坚持公平分配法律风险和责任，但涉及人工智能的案件与一般案件责任认定可能存在不同，因为人工智能技术无论是技术本身还是整体范围都是极为复杂的系统，因此，责任认定就不能无限延伸和无限放大个人和企业的责任，否则，这将导致人工智能技术法律生态的崩坏。要动态精准调整责任认定尺度标准，既不能放任人工智能涉案者的无罪无责认定，也不能泛化责任，而是应以审慎原则促进人工智能技术和产品的合法合规。比如，一个采用人脸识别的支付平台，因偷盗者利用 AI 变脸技术骗过支付平台的安全和支付验证造成了财产损失，被侵害人的损失应由 AI 变脸技术研发公司承担，还是由支付平台承担？这类涉及人工智能的案件中的责任认定应严格明确责任范围和责任分担，比如《中华人民共和国民法典》关于保护隐私、名誉、交易和财产安全的相关规定可提供指导。法律实践的责任认定要保障社会秩序和社会协作整体性不会遭到破坏和受到影响，以形成技术与社会、人、自然和谐共存良性发展。

3. 探讨滥用人工智能责任和过度使用人工智能事故罪

凡事皆应有度，任何技术和手段都应在合理适度的情形下探讨其合法性。比如，不能为了抢险而造成超过风险本身的损失，也不能因为社会治理而过度使用封控手段导致社会经济严重损失。在人工智能产生较大负面影响时，除应进行必要民事赔偿外，还应追究人工智能相关责任人的刑事责任，这是从源头上控制人工智能社会风险的有效法律措施。但进行刑事判决必须有法可依，建议增设滥用人工智能（信息技术）和过度使用人工智能事故罪，这种罪责可从主观故意犯罪的角度和过失犯罪的角度对相关责任人加以刑事处罚，如利用人工智能技术恶意引导公众接受信息，造成信息误判和恐慌或造成严重数据泄露并危害公共安全的以及侵害隐私权并形成较大负面影响的行为。

三、管控人工智能发展风险的法律实践

就立法司法目的而言，法律实践要求对人工智能风险的管控应是针对人工智能技术应用过程和结果所带来的社会风险和实质损害的经济补偿和行为规制。

1. 人工智能人物法律地位二分法的辨析

通过民法法理辨析，对于人工智能技术和产品进行人、物及准人法律地位的不同认定，这是履行人工智能后续法律程序

的基础。当前，关于其法律地位的主流专家意见争论主要集中在对人工智能技术的人与物二分的分歧认识上[1]。民事责任的“价值认识”是自然人对人工智能技术和产品干预的动机、过程和结果。无论强弱两种人工智能，这种已经拥有类人大脑技术的智能化后，从法律上是否应该认定成为拥有“人”的法律地位，这将决定未来人工智能法律权利与义务的历史发展方向。就如同一个智能伴侣机器人是否可以被认定为被抛弃和受虐待一样，在对待宠物时，人们在法律认识上是逐步演进的，尤其有些西方国家已经将虐待宠物视为罪责。当智能伴侣机器人具有人的外观、情感和类人的认知学习和行动能力时，是否可以赋予其人的权利义务将让法律界更为纠结。在国外，已经有赋予特定智能机器人公民权的案例。尽管这些孤例不具备可参考性。但这种新特点不禁让人们思考：在面对具有自主意识的强人工智能时，传统的法律定义将被冲击，这也意味着人工智能将来可能突破传统法律中人主体地位的认定原则，从传统的人与物二分法扩展到人、类人与物三分格局。有的学者坚持自然人与物的简单对立，认为人工智能技术和设备是由算法决定行为动作，不是严格意义上生命的存在，类人的物体具有所

① 杨立新：《民事责任在人工智能发展风险管控中的作用》，《法学杂志》2019 年第 2 期。

谓的“情感”和“意识”也是算法的派生延伸，不具有真正意义的人的自主意识，因此不能将人工智能产生不良后果和损失认定为人工智能系统和设备的责任，这是为真正的责任方的脱责，应依然推定为人工智能关联方和拥有者应承担义务和责任。依据以上观点，人工智能仅仅是法律意义上的客体范围，不应具有独立民事法律主体地位。在现有的技术环境和法律伦理环境下，人工智能的法律主体地位是一个妄图推卸责任的伪命题。有的学者面对争议，提出人工智能技术快速发展，未来的高度智能化未尝不能实现，在未来的技术环境下，法律伦理和责任认定也将发生改变，人与物二分格局的分歧将在从量变到质变中作出选择，现在探讨这个问题是否可能突破传统法律是有积极意义的。法律一直是为了构建社会秩序和协作，防范风险是其应有之义，我们要审慎假设任何一项科学技术的研发都可能使脱缰的野马反噬人类社会，而不是为了发展科学技术。这里的本末关系需要进一步得到强调。现在探讨人工智能技术及设备的法律地位或受限制的法律地位，对于完善相关法律制度很有必要，至少在法律伦理上是奠定形成未来共识的基础。

2. 适用人工智能过错责任的认定

任何技术的运用不可能是单一维度的收益和正效应，人工智能技术也是如此，而且其潜在的风险可能比其他的技术危害更大，因此，迫切需要在法律上对其进行规范。比如，健康码、行程码能够助力防疫工作，但不按法律规定任性赋码，无序红黄码赋码就容易产生对人身权利的实际影响和损害。在具体案件责任认定时，应该要鉴定和评判人在案件中发挥的主客观作用，并在此基础上依据相关法律认定责任划分。比如，根据《中华人民共和国产品质量法》，产品设计制造本身存在缺陷而造成他人人身和财产损害的，可以认定生产者及其连带方责任，被侵权人可以向产品生产者或者销售者提出赔偿，这是基于侵权责任过错方的实际错误的认定。对于研发、生产中因技术水平无法及时预见的缺陷，设计和生产者应全过程动态跟踪监测产品，发现缺陷时应及时预警、召回或远程接管，以终止风险可能倾向。没有履行相关义务而造成的风险损失，应由责任方承担责任。就目前人工智能发展阶段性而言，人还是人工智能研发和使用过程中的关键因素，使用者不当操作或故意指令是人工智能系统和设备执行风险程序的主因。但由于人工智能技术本身的复杂性①，在事故鉴定时难以区分具体责任，尤其是人工智能自主意识的法律责任。因此，在复杂案件便捷

① 张虎、潘邦泽、张颖：《基于深度学习的法律文书事实描述中判决要素抽取》，《计算机应用与软件》2021 年第 9 期。

处理的原则下，可以考虑适用不可抗力和相关连带责任的司法解释。

3. 建立预防人工智能技术社会风险的法律体系

预防人工智能社会风险已经成为各国法律实践的重要方向。我国法律在面对人工智能技术可能存在的社会风险时①，其作用主要体现在事前预防、事后惩戒和事后救济上，相关法律后果和司法解释是对人工智能技术无序发展的规制，能够起到预防限制作用以及对潜在危害功能的人工智能技术实现禁止滥用的惩戒预防。下一步，民法、刑法都应承担起其调整社会民事法律关系、消减社会风险的作用，为受害方或被侵权方提供法律救济，惩治风险损失的制造者和责任方。应按照针对不同风险等级制定不同严苛程度的法律思路，通过分场景监管和问责，进而实现惩治与救济的平衡。因此，相关人工智能的法律体系建设是今后的立法司法重点。要遏制人工智能无序发展、肆意泄露各类数据导致的社会伦理冲突及侵害公民隐私权等行为的发生，尤其要遏制通过人工智能算法错误诱导公众进行信息接收，误导公众价值判断和决策，形成公众信息茧房，

---

① 参见张清、张蓉：《“人工智能＋法律”发展的两个面向》，《求是学刊》2018 年第 4 期。

恶意塑造社会价值理念的行为。就算是公共政策部门在建设智慧城市、智慧政府等公共项目时，也不得超范围收集公民信息，以防范公权力突破边界。当人工智能风险已经造成公众损害时，应支持公众发起集体司法诉讼，为其提供权利法律救济。只有强化法律层面的规范，才可能预防和规制人工智能风险的失控蔓延。对人工智能技术和产品造成的损害，要通过人的责任和物的责任的鉴定和划分，确定已造成实际损害情形中应承担民事、刑事责任的主体以及处罚和承担方式。这种司法实践既能够规范人工智能技术的有序发展，又能够对现实人工智能社会风险造成的人身和财产损害予以弥补，并在制裁违法行为人的同时警示社会[①]。但是，凡事都有利弊，立法司法也要权衡，在全球技术激烈竞争的背景下，过于苛刻的立法与监管政策会遏制科技企业的发展。法律在治理与发展之间做好平衡，在方便科技企业满足防范 AI 伦理风险和承担相应法律责任的同时，为企业、行业以及相关产业发展提供宽裕的司法空间。

① 参见杨立新：《民事责任在人工智能发展风险管控中的作用》，《法学杂志》2019 年第 2 期。

第五章

人工智能技术风险治理与风险评价

当前，人们普遍忧虑缺乏伦理规制的人工智能技术迅猛发展会导致给现实社会带来风险甚至可能是灾难性的风险。公众对人工智能社会风险的认知有限，学术界对风险的预测预判也是基于理论的推演。趋利避害是现代科技事业健康发展基本价值取向，科技伦理已经成为开展科学技术研究和各类科技活动需要严格遵循的基本价值理念和行为规范。因此，有必要深入研究人工智能技术风险评价与规避措施，并提高各层面对人工智能技术的风险意识和认知水平。目前，人工智能技术社会风险治理仍存在体制机制不健全的问题，科技资本更多侧重于人工智能的功能研究，商业资本则注重其可能产生的商业利益，公共管理部门则倚重人工智能的便捷服务和治理效能，有些问题甚至出现了积重难返的螺旋效应，已难以适应人工智能良性发展的现实需要和社会价值判断。另外，人工智能技术发展具有客观存在的风险可能性，尽管可以乐观预测其不必然存在解构人类社会秩序和颠覆社会道德伦理的可能，但绝不可以低估其广泛而深远的社会影响。为此，需要秉承习近平总书记关于科技伦理的重要论述，建构完备的人工智能社会风险防控体系，提升人工智能风险应急和常态化治理能力，有效遏制潜在的人工智能社会风险，在社会价值共识基础上不断推动人工智能技术彰显科技向善和造福人类的社会价值。

一、科学技术是把“双刃剑”

人工智能可以说是现代信息科学皇冠上的明珠，其相关技术应用具有推动科技发展、产业升级、生产效率提升的重要战略资源意义。除了在工业生产效率方面的价值，人工智能技术在社会运行各方面还具有广阔的价值空间。现代公共服务的瓶颈是公共服务能力的提升，如何提高公共服务精准化水平，有效推进与维护社会稳定和社会治理，更是公共管理关注的重点和难点。而人工智能技术的发展拓展了人类信息获取、加工和决策的能力边界，其所能提供的信息感知、情报预测、风险预警、社会公众情绪感知、决策辅助等功能可显著提高公共部门的社会治理的能力和水平。因此，人工智能技术备受公共管理部门的青睐。在社会治理和公共服务领域，任何人工智能技术的运用都要充分保证社会共同利益和人民的长远福祉，尊重社会价值共识，即坚持人工智能工具理性和价值理性相结合："价值理性"侧重于人性、正义和公平，"工具理性"则体现了优先实现效率、竞争和目标①。因此，人工智能的发展要在两者兼顾的原则下，平衡社会整体利益和个体权益，尤其要对社会弱势群体和种群坚持非歧视原则。其具体表现为：人们的信息接收和行为不能被算法绑架和诱导；公民合法权益不受侵害，其合理诉求应得到满足；其生活不受人工智能侵扰、其自由的天性能够得到保障；在生活中的社会行为不被歧视，如在交通出行、公共服务、社会交易、就业保障等方面不因"数字鸿沟"而受到不公平待遇。"不公平算法"深层次的社会意义风险使其在共同富裕价值上受到挑战，可能导致贫富差距和分配不均的风险。这种技术伦理共识也体现在党和政府提出的提升人民群众的安全感、获得感、幸福感的执政价值追求上。

对某种技术风险的认知不能简单进行判断，还需要在系统性、全局性的层面来进行认知，就如同正常人没事不会舞刀弄

① 参见梅立润：《人工智能到底存在什么风险：一种类型学的划分》，《吉首大学学报（社会科学版）》2020年第2期。

枪，但有些人却可能觊觎你家的财产而每天在你家周围游荡，这时候就有必要提高警惕。国家间的科技竞争从来都是残酷的，在人工智能领域也不例外。2023 年，美国科技公司 OpenAI 开发出 ChatGPT 震惊世界。3 月 14 日，OpenAI 公司公布了其最新版本大型语言模型——ChatGPT－4，它比 ChatGPT－3.5 的问答质量满意度有明显提升。在 AIGC（生成式人工智能）势不可当的科技浪潮中，谁将成为下一个弄潮儿？虽然 OpenAI 的应用程序编程接口（API）已向 161 个国家和地区开放，但 ChatGPT 却并未向所有中国用户开放注册，中国内地和中国香港的手机号均无法注册 ChatGPT 账号。对 OpenAI 投入巨资的科技公司微软以及中国互联网龙头企业百度随后也相继发布了其在大语言模型（LLM）领域的最新进展。2023 年 3 月 16 日下午，百度开始对生成式 AI“文心一言”进行公开测试，使其成为第一家加入该赛道竞争的中国企业。“文心一言”在文学创作、商业文案创作、数理推算、中文理解、多模态生成等五个使用场景中具有优势。但几个小时后，微软就宣布将把 ChatGPT－4 接入 Office 全家桶，并将其新名定为“Microsoft 365 Copilot”。在中美科技竞合的敏感期，各方亦颇为关注百度在人工智能方面迈出的第一步所带来的点点涟漪以及下一步中国企业该如何应对。

二、人工智能风险治理总体构成

人工智能技术本身的复杂性决定了风险的管控依赖多元主体的融合协同以及系统性均衡性治理理念的建立应统筹复杂技术风险特征和人工智能风险法律及其社会属性，以形成多元主体行为规制与风险管控共治协同机制。

1. 人工智能风险治理科技伦理先行

针对人工智能知识、数据、算法和算力的集成以及机器学习、推理、建模和辅助决策底层逻辑，需要对深层次技术逻辑、系统生态进行跨学科研究，人工智能的创新研发特征具有独立和封闭性，人工智能多样化的风险属性散布在研发和应用多个环节，具有一定程度上的不可预见性，难免会产生不透明性的技术壁垒，必然使其处于信息不透明的“监管真空”。此外，技术壁垒也使行业主管部门和第三方机构难以洞察研发技术细节，这也倒逼原先服务于传统产业的监管方式要进行变革。人工智能伦理冲突表征滞后性的特点使相关风险规制研究难度增加；部门动机、应用场景和技术特征不同，也会影响结论和问题判断。对此，应通过跨学科合作与研究方法创新予以破解。人工智能的研发和应用应采用最小代价和最大收益相结合的原则，即以对人身心健康和安全及其合法权益最小伤害为代价，获得综合社会效益最大化，防止恶意使用人工智能技术。尊重知情权、人格权和隐私权以及保障公众的知情选择权，是当前人工智能项目实施的迫切要求。相关责任方要强化风险意识，研发部门内部应设置人工智能技术伦理委员会，制定符合善治要求的社会风险管控措施，规定人工智能技术研发及应用的道德标准，并对科研人员进行伦理约束。要完善重大伦理风险研判、评估、决策、协同防控机制，狠抓社会风险源头治理，强化人工智能项目伦理评审专家的专业责任，并要求将人工智能伦理意识和治理规则贯穿于科学研究、技术开发活动全流程，在算法设计、产品开发、技术应用和技术管理等环节动态防控潜在社会风险，尽最大可能实现精准有效的人工智能“全程安全”[①]，努力构建良好的新时代信息技术生态，促进人工智能实现负责任的良性伦理治理创新。

2. 依法依规管控人工智能风险

人类社会特别是理性的民族都致力于完善制度设计，以最大程度吸取人类既有的文明成果乃至不同技术制度基础上生成

---

① 参见赵磊：《人工智能恐惧及其存在语境》，《西南民族大学学报（人文社会科学版）》2021 年第 11 期。

的技术文明成果。任何类型的制度本就是为解决难题和障碍而生。依法依规管控人工智能风险，是今后社会各界共同努力的目标。对人工智能设置风险法律屏障和触发风险控制机制，就是要力争稳妥预警风险和强制调整风险行为，避免社会走向风险失控的境地。优秀的风险预警机制或风险控制制度模式既能形成整体上管控或约束社会风险的制度框架，又可以限制单股力量的冒进，比如，可防范某个领域、某个区域或某个人的权力操控人工智能逃脱约束导致发生风险，进而走向失控。在社会风险管控体制机制设计过程中，有个症结需要注意并应努力避免，那就是制度设计刻意回避难题和绕行管控障碍。一般而言，技术社会风险管控制度机制的设计思路既可从历史经验教训中获得，也可以通过逻辑推理而来。但是，若不承认或回避历史上发生过的灾难，同时缺乏逻辑思维能力或更喜欢拍脑袋，这种情形下，要建立这种预警机制和制度机制是很困难的事情，重蹈覆辙也是大概率事件。所以，有些人工智能技术仍在继续发生着因权力失控而带来的悲剧。人工智能技术的一个突出特点就在于任何人或组织都可能成为人工智能社会风险的制造者，因此，有必要以法律和公权力实施强制制度，以最小的社会成本提供弥补风险漏洞的措施，以维护社会稳定。在涉及公共领域的研发和应用环境中，应鼓励利益相关方、第三方和社会公众有效参与，及时披露涉及社会治理等重大、敏感伦理技术措施公示公开机制。应坚持依法依规开展人工智能社会风险治理工作，通过法律制度的完善防止人工智能技术被误用、滥用，最大可能规避、防范可能的社会风险，避免其危及社会安全、公共安全以及挑战道德伦理和公共秩序①。有些部门和人员伦理意识滞后于技术创新，政府部门、企业的“个体理性”可能推动权力无序扩张，导致“合成谬误”的伦理失衡。对此，应加强“科技向善”伦理教育，通过技术风险善治，重点防控社会治理中不当使用人工智能技术导致的层层加码或危及国家安全的高危风险，保障技术应用适时、适度，筑牢技术向善的“底线安全”。问题需要通过综合力量加以化解、管控，否则就可能导致治理思维极化，使社会深处焦虑并失去活力，隔离了党和政府与人民密切联系情感的交流渠道。人工智能虽然能够破解社会治理中一些难题，但切不可对信息化措施和手段形成“路径依赖”，而是需要厘清技术边界和伦理规范，构筑起“人民至上”的社会治理体系和治理能力现代化的深厚支撑。要通过行业规则、自律公约等形式，提高科技活动相关信息透明度，做到客观真实。要加强对人工智能的审查和监督，形成共识的社会契约，确保最大程度的透明准则并达成

---

① 参见颜佳华、王张华：《以“善智”实现善治：人工智能助推国家治理的逻辑进路》，《探索》2019 年第 6 期。

自觉。要加强人工智能伦理风险态势感知预警与动态跟踪研判，及时按照舆情反馈和伦理规范动态调整治理方式。相关行业主管部门、出资方或项目责任人所在单位要严格摆正政治站位和履行法定职责，依法依规对实施人工智能风险违规行为和严重不良后果的责任人给予责令改正和纪律惩戒，责令其停止相关技术研发和部署。对于人工智能社会风险违规行为责任人要依法依规给予处分，对涉嫌犯罪的，应依法予以惩处①。

3. 人工智能风险治理的透明性原则

人工智能技术社会风险治理涉及公共利益，应秉持开放态度探讨扩大共识、缩小差异，涉及社会治理和公民个人的人工智能研发和应用必须坚持公开透明的原则。必要的社会监督是纠正极端公共行政的有效手段。人工智能在特定社会治理活动中应用，会触及多元相关利益群体的差异性诉求。社会利益决定技术立场，也将不可避免地导致人性、社会伦理与效率、效益的矛盾。无论是政府还是企业都十分关注人工智能的先进性、可行性、功能性方面的实现，比如在疫情防控中，通过大数据就可以判定哪些人可能属于时空伴随，这就极大提高了防

① 参见贾珍珍、刘杨钺：《总体国家安全观视域下的算法安全与治理》，《理论与改革》2021年第2期。

控的精准度。但人工智能技术研发和实施应尊重传统文化、生活习惯和宗教信仰等方面的差异，杜绝算法歧视和数字鸿沟，做到公平、公正、包容地对待不同社会群体。人工智能技术研发和实施对普通公众而言具有一定的隐蔽性、专业壁垒和不透明，这种专业上的不透明导致了公众的不信任，技术标准应公开透明防止公权力任性和对特定人群歧视偏见。拥有强势公权力的部门和组织在算法和应用场景的项目决策时，往往以上级政策要求、商业机密、公共服务或社会治理等名义拒绝公开算法和应用场景细节，但不透明的合作或委托往往导致了招投标环节、实施环节存在僭越公权力的可能，导致其给公共利益带来风险。因此，要通过法律法规、部门规章、国家标准等形式确保相关项目建设活动必要的技术和管理细节能够公开透明。要建立第三方风险评估机制，客观评估和审慎评价技术是否存在不确定性和社会风险，使相关参与方和主体及其研发、决策和实施行为须接受社会监督，打破人工智能的“技术黑箱”，弘扬人工智能技术向善和友好性。

4. 坚持开放发展理念，促进生产力和提升竞争力

任何现代技术的高质量发展都离不开顶层设计和政策协同。人工智能发展的战略规划失误也容易导致风险发生，比如发展规划缺位或迟滞，应用布局不均衡，防范突发风险的基础

薄弱等。为此，要坚持针对人工智能所处的社会风险复杂特征进行风险管控，遵循安全透明、价值迭代、协作系统的原则，妥善处理已知风险和可预见风险，建立未知风险防火墙的风险管控原则。要动员多元主体进行多领域、多环节的系统风险排查、防控和风险综合治理，构建技术风险可控的整体格局，根据社会环境设计兼顾多元社会主体利益诉求的风险善治机制，立足我国科技发展的历史阶段及社会文化特点，通过风险善治来促进人工智能的技术突破和应用发展，充分发挥人工智能的正功能，有效规避负面社会风险，在社会治理风险善治过程中，通过人工智能社会风险善治来服务群众，实现教育、就业、医疗、养老等迫切需求民生服务的良性供给。遵循科技创新规律，建立健全符合我国国情的科技伦理体系，以大数据赋能传统产业、培育智能产业，带动国家关键技术创新突破"卡脖子"瓶颈，切实提升社会生产力和国家竞争力，实现经济社会高质量发展。此外，还要促进人工智能在社会发展和国际竞争中的积极因素和正面效益得到最大化发挥。

三、人工智能风险管控的价值共识

任何一项科技活动都应坚持以人民为中心的价值判断，技术应用的终极归宿是不断增强人民获得感、幸福感、安全感，促进人类社会和平发展与可持续发展。

1. 人工智能技术现实功能需求和风险耐受

人工智能技术被应用到社会治理、应急处置等公共领域时，人工智能也应与人们所希望的宽松和自由的天性相协调。复杂的人性致使人工智能技术维度和社会维度的风险交织，可能带来安全隐患。对于风险和隐忧，社会并非都不可接受。比如，当前在各类考试中的替考现象五花八门、层出不穷，损害了考试结果的公正性，影响到考试的信誉和有效性。如何杜绝代考及枪手，让弄虚作假者无机可乘，成了摆在各级考试部门面前的一道难题。对考生的身份验证识别，传统方式是依靠监考人员人工目视识别。监考时，监考人员对考生及其准考证照片进行对比，逐张逐人进行识别。虽然人工判断可以在责任心事业心加持下做到较为准确的识别及判断，但监考人员大多数从未受到过专业的人脸识别训练，加上人的相貌会随着年龄和健康状况改变以及医学整容技术更是在短时间可以改变人的相貌特征，导致人工识别难免会出现误差。而且，人工识别处理速度有限，单靠人工识别无法在短时间内批量完成人证对比，容易会出现错判、漏判。采用人脸识别的人证合一校验系统，可批量快捷识别考生身份和证件信息，从而能够在各类考务工作中有效减少监考老师工作量和提高考生身份识别准确率，杜绝人为因素的干扰，避免替考、舞弊违法违纪行为出现，有利于建立规范公平公正的考场环境。对于在上述场景采用人工智能技术进行管控，有其合理性和公正性，因此，人们就能够理解和接受。

2. 管控人工智能多重风险的共识和倡议

人工智能研发和应用在社会环境中具有多重风险，网络上就有关于使用人工智能技术实现合成致命毒素和快速研发病毒疫苗的讨论，这也体现了人工智能系统显性正功能应用和隐性负功能外溢之间的博弈。但各国都认为，在国际合作和社会共识框架下，构建风险可控的整体安全环境，形成环境可控、属性安全、责任共担的多主体善治格局对于人工智能发展具有重要意义，还意识到实现人工智能的风险管控，亟待设定灵活适用的风险管控原则。2015 年 1 月，欧盟议会法律事务委员会（JURI）就成立了专门工作小组，开始研究与人工智能发展相关的法律问题。2019 年 4 月，欧盟委员会发布人工智能道德准则《可信赖人工智能的伦理准则》，提出了实现可信赖人工智能（Trustworthy AI）全生命周期的原则框架。该准则提出，可信赖的 AI 算法、程序及应用需满足合法性（lawful）、共识伦理（ethical）、自主性（autonomy）和稳健安全（robust）的原则，即系统应该遵守所有适用的法律法规；符合科技伦理准则和社会价值观；人工智能的功能应遵循以人为本的设计原则，并为人类保留自主选择的机会；技术不应对社会上的任何人造成伤害。所以系统中的每个组件都应该满足可信赖 AI 的要求。在这个原则下，人工智能系统及其应用必须安全可靠且能预防可能造成的伤害，以确保不会被恶意使用；人工智能系统及其应用应更多关注弱势群体，防范可能由于信息或数据权力不对称而导致或加剧的不利情形。在人工智能系统开发、部署和应用中坚持公平性原则，既要有实质性公平，也要有程序性公平。之后，欧盟又陆续颁布了更多的数据相关法案①。2018 年，微软提出了人工智能技术的六原则：公平、可靠和安全、隐私和保障、包容、透明、责任。2019 年 2 月，美国前总统特朗普签署了一项“旨在促进美国人工智能发展”的行政命令，该项命令阐述了美国发展人工智能的目的和原则，表达了美国保持技术竞争力、制定适当技术标准和减少发展障碍、减少失业培养工人具备合格技能、保护公民隐私和维系美国价值观等愿景和原则。该行政命令是基于美国利益进行表述的，具有强烈的美国价值选择，更是粉饰了美国在该领域的利己主义行动。在实际应用中，大量的侵害他国人权的网络监控往往

① 参见《“信息茧房”、隐私外泄，如何应对人工智能带来的伦理风险?》，新华网，http://www.xinhuanet.com/tech/20230119/849d98a850da4e6eba5a1d364f90abc3/c.html.

采用的就是人工智能技术。在战争中采用人工智能技术进行战术打击也是美国高科技战争惯用的伎俩。美国还试图遏制其他国家进行人工智能的研发，从而获得竞争优势。所以说，美国对人工智能多重风险的管控倡议具有双重标准。有鉴于此，我国应积极推进人类命运共同体，为国际管控人工智能风险问题贡献中国智慧和中国方案，形成全球科技伦理治理的共识和倡议。

3. 中国管控人工智能风险的行动原则

在我国，很早就有学者开始研究人工智能风险问题，但一般是哲学、社会学领域学者自发和零星的学术活动。在 2015 年前后，阿里研究院开始有组织地开展人工智能风险相关领域的研究。2018 年 7 月，清华大学校级研究机构清华大学战略与安全研究中心成立，该中心的人工智能治理项目小组明确了小组的研究方向和价值理念，并在世界和平论坛上提出了具有中国传统文化特色的“人工智能六点原则”。该小组着眼于国际共同价值规则，探讨了人工智能综合性治理的宏观框架：一是福祉原则。人工智能的发展应服务于人类共同福祉和利益，其设计与应用须遵循人类社会基本伦理道德，符合人类的尊严和权利。二是安全原则。人工智能不得伤害人类，要保证人工智能系统的安全性、可适用性与可控性，保护个人隐私，防止数据泄露与滥用。要保证人工智能算法的可追溯性与透明性，防止出现算法歧视。三是共享原则。人工智能创造的经济繁荣应服务于全体人类。要构建合理机制，使更多人受益于人工智能技术的发展，享受其所带来的便利，避免数字鸿沟的出现。四是和平原则。人工智能技术须用于和平目的，并致力于提升透明度和建立信任措施，倡导和平利用人工智能，防止开展致命性自主武器军备竞赛。五是法治原则。人工智能技术的运用应符合《联合国宪章》的宗旨以及各国主权平等、和平解决争端、禁止使用武力、不干涉内政等现代国际法基本原则。六是合作原则。世界各国应促进人工智能的技术交流和人才交流，在开放的环境下推动和规范技术的提升。这六项原则为人工智能国际治理的讨论和共识构建提供了一种可能。2018 年 1 月，国家标准化管理委员会联合相关部门成立了国家人工智能标准化总体组，并在国家人工智能标准化总体组成立大会上发布了《人工智能标准化白皮书 2018》。该白皮书论述了人工智能的安全、伦理和隐私问题，认为人工智能技术发展和应用需遵循社会和公众科技伦理共识要求的设定，并遵循一些人工智能共识原则①。2019 年 2 月，科技部在北京召开了新一代人工智能

---

① 参见《“信息茧房”、隐私外泄，如何应对人工智能带来的伦理风险?》，新华网，http：//www. xinhuanet. com/tech/20230119/849d98a850da4e6eba5a1d364f90abc3/c. html.

发展规划暨重大科技项目启动会，成立了新一代人工智能治理专业委员会。2019年6月，科技部发布了《新一代人工智能治理原则——发展负责任的人工智能》，该治理原则旨在为发展负责任的人工智能，更好协调人工智能发展与治理的关系，确保人工智能安全可控可靠，增进人民福祉，推动经济、社会及生态可持续发展，共建人类命运共同体。该治理原则突出了发展负责任的人工智能这一主题，强调了和谐友好、公平公正、包容共享、尊重隐私、安全可控、共担责任、开放协作、敏捷治理等八项原则①。2019年9月，我国新一代人工智能治理专委会正式发布了《新一代人工智能伦理规范》（以下简称《伦理规范》），不仅细化落实了《新一代人工智能治理原则》，还将伦理道德融入了人工智能全生命周期。这是中国官方发布的第一套人工智能伦理规范。时至今日，科技部在其所发布的《新一代人工智能治理原则——发展负责任的人工智能》一文中提出的八项原则依旧是学界共同倡导的技术发展与社会风险管控的共识。新一轮科技革命和产业变革正深刻改变着世界发展的面貌和格局，科学新发现、技术新突破在造福人类的同时，其伦理风险和挑战也相伴而生，给科技创新带来了负面影

---

① 参见赵磊：《人工智能恐惧及其存在语境》，《西南民族大学学报（人文社会科学版）》2021年第11期。

响。因此加强科技伦理治理、合理引导科技向善，已经成为一道时代科技必答题。中央全面深化改革委员会第九次会议审议通过了《国家科技伦理委员会组建方案》,《中华人民共和国国民经济和社会发展第十四个五年规划纲要》也提出了“健全科技伦理体系”的目标任务。2022 年 3 月 20 日，中共中央办公厅、国务院办公厅印发《关于加强科技伦理治理的意见》，从科技伦理原则、治理体制、制度保障以及审查和监管等方面就健全科技伦理体系、加强科技伦理治理而作出了全面、系统的工作部署，这也是我国科技伦理治理工作第一个国家层面的指导性文件，标志着我国人工智能伦理及社会风险治理步入系统化、规范化的新阶段①。

---

① 参见《进一步加强科技伦理治理》，新华网，http：//www. news. cn/comments/20220418/9079b6b69f144fb2a064670dc548f996/c. html.

第六章

构建人工智能风险管控机制

人工智能在劳动效率、人工替代等方面的功能将深刻改变人类生活、改变世界，成为社会经济发展的重要推动力量。抢抓人工智能技术发展的重大战略机遇，提前布局稳固我国人工智能科技发展的先发优势，在世界科技竞争中形成良好态势，是我国明智的战略选择。在我国研究人工智能风险问题，必须以习近平新时代中国特色社会主义思想为指导，深入贯彻党的二十大精神，坚持和加强党中央对科技工作的集中统一领导，因此，各界应统一思想，按照中央精神不断深入推进人工智能技术发展和社会风险规制研究，关注人工智能伦理风险形式、内容和演进规律，适时出台人工智能相关的法律、法规和司法解释，建立人工智能评审、监管机制，避免人工智能社会负面效应和社会不安情绪无序蔓延，规范与引领人工智能研发和应用沿着正确、可控和共识的方向发展[①]。要建立完善有利于科技发展、符合我国国情民情，与国际科技价值接轨的人工智能伦理制度，塑造科技向善的人工智能科技理念和培养人民至上的伦理意识，构建以人民为中心、以人为本的科技价值理念[②]，努力实现科技创新高质量发展与高水平社会安全良性互动，形成国家科技事业发展、公共治理体系和治理能力现代化的良性互动格局。

一、人工智能社会风险管控路径与原则

未来，人工智能可能成为社会、经济、文化和意识形态各层面的“规则、秩序挑战者和塑造者”，并带动文化、社会结构、意识形态、治理形态和产业的深度转变，因此，我们亟须对这项技术对于人类社会的塑造保持警醒。有效预见和防范风险是数字赋能社会治理成效重要体现，要在对现有人工智能社会风险问题开展合理监管规制的基础上布局前瞻性的技术战略规划和预见性的社会风控政策，多措并举，全方位规避和防范

① 参见《关于加强科技伦理治理的意见》，《人民日报》2022 年 3 月 21 日。

② 参见倪东辉、程淑琴：《公共管理视阈下信息技术应用的伦理思考》，《行政与法》2019 年第 6 期。

显性和隐性风险。要坚持伦理风险规制和治理能力并举的发展思路，秉承正当程序原则保护人民知情权和选择权，凝聚社会共识，以支撑社会治理共同体建设。

1. 畅通技术与伦理、文化和意识形态的对话渠道

技术变革与进步是提高人类生活质量的重要手段，人类对于技术的理解常常是独立于伦理、文化和意识形态之外的。技术与其他社会意识层面无交集，但人工智能对于社会与人而言不仅有交集，而且能够深度塑造未来社会形态。人工智能社会风险的动态特征主要表现为人工智能技术本身的发展和迅速迭代。在新理论和需求的驱动下，我们更应加快同步防范人工智能社会风险。早期人们偏重于对人工智能的乐观想象，随着科技界有影响力的学者和企业家的悲观论断，近年来，人工智能的风险话语逐渐显现并加剧。但是，由于不同利益主体在社会利益、技术认知等方面的差异性，加之利益和认知决定技术立场，因此，形成人工智能风险诉求和叙事也是千差万别，甚至在一定程度上陷入了共识失序的尴尬境地。为此，更要校准人工智能发展的“仪表盘”。总体上看，人工智能技术发展需要“伦理道德”的共识，并密切关注可能引发的贫富差距、阶层固化、就业挑战、舆情引导、意识形态变迁、数字鸿沟问题，提倡“科技向善”和“人文情怀”，把人类善知和人工智能算

法、程序结合起来。相关部门和企业需厘清权力边界、技术边界和伦理规范，强化科技风险底线思维和社会风险意识，坚持促进科技创新与防范社会风险相统一、制度规范与自我约束相结合，构建具有中国特色的人工智能伦理体系，健全多方参与、协同共治的人工智能风险治理体制机制。

2. 建立人工智能社会风险跨学科研究机制

不同专业背景的意见可能存在巨大差异，但跨学科多维度的意见要让一个事物能够得以全景式呈现，从而利于避免重大失误。首先，在实施人工智能科技政策或决策时，决策者要听取不同领域专家的意见和建议，避免利益本位形成决策失误和偏差，如人文科学工作者可能不精通技术本身，但参与研究和评价科技政策时可以对技术提出公众价值判断建议，尽管存在技术壁垒，但此举可避免唯功能悖论。其次，可以多渠道培训提升技术人员相关人工智能的法律、伦理知识，增强技术人员法律、伦理意识，加强跨技术领域的融合和沟通，在某种程度上可以规避技术的负面效应，进而减少不必要的风险。在常规管理中，要努力通过技术限制倡议减少人们沉迷于网络和信息茧房，在就业保障中，加大对因人工智能技术冲击可能造成的失业问题的分析，做好强化职业技能培训、就业辅导和失业救济的政策研究，努力提出创造新工作岗位的政策指导，保持社会就业人口总体稳定。

3. 人工智能社会风险管控要基于社会信任

在社会治理、公共服务、医疗诊断、刑事司法中应用人工智能系统时，需要引入监督机制，允许公众和专家参与验证，并充分进行宣传和沟通。例如，对于综合程度极高的人工智能系统如何进行数据收集、数据存储和应用，人工智能系统如何实现知识感知、判断决策，人在何种状态下进行可以接管系统控制权，相关应急处置的措施有哪些等问题都要进行研究，不能只见风险而不见机遇。解决这些融合和沟通问题，可以消除公众对风险的担忧。无论是在私营部门还是公共部门，有些质疑和不满都是人类社会固有的，一些公共管理任务需要建立信任，体现政策善意和温暖，因此需要人际间的交流互动。事关群众利益的沟通任务永远不可以被人工智能或机器人完全取代，相关人员只有面对面宣传和沟通才能获得群众信任，政策措施执行也才能顺利，效果才能最大化。

二、法律管控人工智能社会风险

面向未来，人工智能技术多场景应用是大势所趋。虽然人工智能具有赋能人类达致便捷工作、惬意生活的想象空间，但是也潜藏抵消赋能功效的法律风险。

1. 人工智能社会风险管控法治化是社会价值必然选择

在对待人工智能的社会风险判断上，应保持清醒的认识。人类社会需要形成均衡的技术视野，不能只见机遇而不见风险，这将可能导致人工智能技术的应用失去应有的规制，因此，必须正确设计防控人工智能社会风险的法律制度安排，规范人工智能发展的路径和方向。其一，要完善人工智能社会风险治理法治体系，扩大现行法律法规适用范围，完善相关司法解释，并给予涉人工智能案件中受害方民事刑事侵害救济，推进技术研发应用政策、产业政策以及公众权益保护政策之间协调配合。其二，要加快信息安全和数字领域法治建设，通过仲裁和调解制度安排，做好信息安全和数字领域可能产生的民事纠纷仲裁调解工作，保护公民正当权益，对于窃取、传播和不当利用国家机密和个人隐私信息的个人和企业依法追究刑事责任。其三，要把人工智能风险规制纳入国家治理法律体系建设，系统构建符合新时代法制要求的人工智能法治体系。

2. 人工智能社会风险法律管控应强调对个人权益的保护

人工智能风险防控要从个人信息保护的典型事件入手，比如针对市民深恶痛绝的手机 App“大数据杀熟”、未经允许监测个人物理定位、各类平台超必要进行个人信息收集、广告弹窗推荐等问题，要构建人工智能社会风险治理的约束机制，加强算法和应用范围监管，对于涉及公众利益的项目尽可能开源算法，公布部署目的和部署细节，保障公众知情权。数据是人工智能的基础要素，现代社会数据要素变得越来越重要，因此，对数据收集、使用和处理的技术标准要求也越来越高，人工智能风险防范必须为数据使用主体确立数据使用规则和使用行为，用伦理理念清晰的技术准绳来规范数据要素使用。坚持数据获取要遵行“非必要不收集”“非必要不使用”“知情同意”等原则。数据属于用户，在获得用户授权后的使用范围和处理数据细节时应提前告知用户，不得有所隐瞒。科技企业不得强制个人提供信息数据或以数据提供作为商业服务的前置条件，否则视为滥用数据、强制获取数据。任何组织和个人在收集用户数据时都应尽可能减少用户信息收集，应强调用户信息的所有权属于用户，不得依靠数据牟利。

3. 推进人工智能风险治理法治化建设

推动科技伦理基础性规则立法，要及时推动将人工智能社会风险监管和查处等行为列为法律、法规的调整对象，对人工智能社会风险监管、违规查处等社会风险治理工作作出明确规定，在配套立法中落实人工智能风险监管要求。就目前情况看，在现行法律已明确相关规定的，要坚持有法必依、违法必究。要借鉴国际治理经验并结合中国特色，深入研究中国人工智能社会风险的特殊性和普遍性，平衡好人工智能发展与法律法规间的冲突，探索中国特色的人工智能风险治理规制道路，更好规制人工智能健康发展。在社会层面，要加强对人工智能相关伦理和社会问题的法律研究和普法执法宣传，推动人工智能技术应用中相关民事与刑事责任确认、个人隐私权保护、数据安全利用规则等法律问题研究，惩戒侵犯个人隐私、数据滥用、恶意引导社会舆论和违背道德伦理等恶意技术行为，查处涉及人工智能社会风险违法违规行为。要建立技术社会风险责任追溯和问责制度。科研机构和使用单位是人工智能社会风险管控违规行为的责任主体，应主动自查排查人工智能社会风险违规行为。此外，负有监管责任的地方政府和业务主管部门也应按照职责权限和隶属关系加强对辖区、所属行业人工智能行为的业务指导、技术监管和问责处理。法学界和科技界应积极参与全球人工智能法制治理合作，加强人工智能社会风险重大共性问题、法律法规国际合作研究，共同应对全球性风险挑战[①]。

---

① 参见《中共中央办公厅、国务院办公厅印发〈关于加强科技伦理治理的意见〉》，中国政府网，https：//www.gov.cn/xinwen/2022－03/20/content_5680105.htm.

三、人工智能技术措施和伦理意识

1. 隐私与安全技术措施

要跟踪人工智能技术前沿发展动态，建立监测预警人工智能社会多重风险监测预警机制，制定人工智能社会风险技术防御和应急管控措施，常态化对人工智能潜在危害与收益进行评估，加强人工智能技术创新可能带来的规则冲突、社会风险、伦理挑战的研判。人工智能系统要具有性能先进、质量可靠、经济实用等特点，项目建设和选用技术路线应依据国家相关法律法规、国家和行业相关标准、相关研究成果等资料进行规划设计。过去的数据隐私政策和竞争性保密需求阻碍了人们实现这一价值的能力，隐私保护计算领域的进展面临着四大挑战。对于已经移交到别人手里的数据，没有简单的方法保持对数据治理和使用的控制，这就会增加潜在的隐私或合规风险。在技术环节上，及时发现和整改系统安全漏洞，消除人工智能算法训练和运行过程中因“数据噪音”或“环境不适应性”所带来的技术风险故障。Meta、谷歌和微软都曾“关起家门”做私密研究，这也导致其在技术“透明度”方面饱受诟病。在人工智能领域内最有名的开源案例则是谷歌的深度学习开源框架

Tensorflow，它已是开发人工智能应用程序的标准框架之一。“代码开源”的优势在于可利用集体力量来解决缺陷问题。当更多人参与进来时，人工智能技术突破便来得越快，漏洞也就填得越快。要针对人工智能技术特点采取技术措施，比如人工智能系统模型往往被认为是高度敏感的知识产权形式，由于它们可拷贝安装在一个U盘上，这就表示信息安全风险较高，所以必须采用加密技术。利用安全的建模数据，研发部门的数据官才可以将人工智能系统建模和训练安全地外包给第三方。系统安全技术措施要确保数据传输与使用过程安全，需要在权限设定上进行优化，并通过多重授权和识别区分不同的操作者。对此，可探索阅后即焚的删除技术，每一个被授权的使用者使用中不能进行未授权数据的存储，以切实保障隐私数据安全。为了解决数据保密和合理商业开发之间的矛盾，还可以发展保护隐私技术、数据加密与脱敏等技术保护数据与隐私安全，诸如采用新的隐私保护计算或机密计算等方法，解开组织及其数据的“隐私”枷锁。利用FHE、差分隐私和函数加密等方法，科技企业可以在不损害用户隐私的前提下，通过数据共享获益。隐私保护计算可能会是起到突破性作用的催化剂，隐私保护技术也能促进竞争对手之间的合作，帮助企业间展开更深层次的互动和合作。依靠人工智能技术形成新型网络安全的态势将是今后人工智能的重点研究方向，即进一步提升人工智能安全防护技术和防御外部攻击能力，通过技术部门常态化“技术攻防战”演练和应急预案，防范外部攻击情形下可能导致的算法出错和内部数据泄露风险，构建人工智能复杂场景下突发事件的解决方案。网络人工智能可以成为网络安全的“倍增器”，使网络安全防御能够比攻击者更快作出预警。人工智能安全技术具备自适应学习和检测新模式的能力，能加快检测、控制和响应速度，还能够预判具体攻击行为并提前做出针对性反应，以减轻安全运营中心分析师的负担，提升分析师的主动性。此外，以人工智能为基础的网络安全技术还能帮助组织为应对人工智能驱动型终极网络犯罪形式做好准备。

2. 引导科技人员自觉遵守人工智能伦理规范

建议从国家、地方和大学及科研院所抽调专家成立人工智能伦理风险委员会，该委员会负责指导和统筹协调推进人工智能风险治理工作。建议由跨学科专家和利益关联方组织组成的伦理风险监督评议团或委员会监督人工智能项目设计、实施过程中的风险及其治理，比如发起项目社会风险评价和绩效评价，审查项目监管程序和执行。由相关政府部门、高校、研究机构、专家学者开展跨学科人工智能风险治理研究和宣传，帮助人工智能研究、研发和使用各链条上的人员学习人工智能伦理和社会风险知识，牢固树立人工智能伦理和风险意识，在工作中坚守人工智能技术伦理底线，发现研发和应用中违背伦理道德的行为主动拒绝执行并报告。在重大人工智能项目实施前，尽可能开展人工智能社会性风险试验。要在有条件的科研单位和地区构建应用特区，展开人机互动试验，以评价该人工智能技术可能触发的伦理和其他社会风险。通过多次伦理事件跟踪评估和验证，消减人工智能设计、产品和系统的不确定性、风险性、社会责任、社会影响等问题，通过实证研究特定人工智能技术对目标人群行为、思维、社交关系等各方面的影响及特性，判断不同人及人群对该技术的敏感因素。

3. 提高公共管理者的技术伦理意识

现代社会治理需要行政部门提高效率和精准度，因此，人工智能已深度融入社会治理实践过程中，催生了公共管理和社会治理的深刻变革。例如，人工智能技术可运用于日常安保，从而无差别地监控和研判场地范围内所有人的行动，以期对可疑行为实现精确把控，进而达到理想的安全状态。利用人工智能在信息处理、行为监管、精准决策方面的功能开展工作时，人工智能管理流程的粗疏、应用范围的失控以及被商业利益绑架可能导致个人隐私泄露、数据不当收集利用等情况的发生，这就更凸显了数字赋能公共治理有效性、合法性与社会风险的矛盾。目前，有一些行之有效的人工智能赋能公共治理的措施，在疫情防控中也涌现出了较多成功的案例，例如上海启动“哨兵”系统[①]进行疫情研判。尽管如此，我们也应该明确，切不可对人工智能措施和手段形成常态化公共治理的过度路径依赖[②]。任何技术的应用在社会治理前进道路上都不可能保持直线运动，因为参与博弈的不同人群或集团诉求的差异性很大，公共管理部门有追求效果最大化的利益冲动，研发企业有引导公共管理部门强化技术需求的意愿，二者交相运作的结果往往会因为不同利益诉求将社会治理政策拖离预想或预设轨道，以致进入左右摇摆和上下波动中。在电子政务、智能交通、智慧城市以及社会综合治理等领域中就存在着人工智能技术的滥用、技术依赖和技术至上的现象。当然，若能保证将社会治理摆动线和波浪线限于一定范围之内，也就是政策和项目实施宽严幅

---

① 上海市以场景牵引与数字赋能助力疫情防控，在全市重点场所全面推广“数字哨兵”系统。针对政府机关、政务服务大厅和菜场等人流量大的场所入口，配置立式“六合一”数字哨兵设备，集“口罩人脸识别+人体测温+健康码查验+疫苗接种查询+核酸验证+电子证照查看”等六大功能于一体，可实时显示健康码、疫苗接种、核酸检测等相关信息。推广手持式“数字哨兵”和挂壁式“快播小助手”设备，可提供健康码和身份证两种查验渠道，因地制宜方便管理人员快速核验、快速放行，也有效解决了老年群体性适用的“数字鸿沟”，以及传统人工登记方式的低效、烦琐、字迹潦草无法辨认或无记录等问题。“数字哨兵”系统完成人员信息登记，实现前台便捷核验、快速放行，有效解决传统人工登记低效率、不方便、易疏漏等问题。

② 参见倪东辉、程淑琴：《公共管理视阈下信息技术应用的伦理思考》，《行政与法》2019 年第 6 期。

度保持在社会所能承受的范围之内，不必让服务对象付出过大成本和代价，就可以认为其合乎人性的基本规律和特征。因此，应固化政府部门法定权责边界，建立跨部门联动机制，督促公共部门审慎立项、审批和应用涉及人工智能社会风险敏感问题的技术方案。为此，政府有关部门和组织要落实监管责任，要从立项评估、审计监管和绩效评审入手建立技术安全的制度机制，对人工智能治理方案进行伦理牵制性评审，既要考虑标准兼容、数据共享，对人工智能项目的功能目标进行设计，还要从社会效益和反馈、安全可信测试仿真、多学科协作联动角度建立数字治理规则。公共治理中人工智能的应用总体上应与人们所希望的宽松和自由的天性相协调，社会问题需要通过综合力量加以化解、管控，否则就可能导致治理思维的极化，使社会失去活力。公共管理部门绝不能以公权力任意设置人工智能在公共治理中的伦理尺度和数据颗粒度，为此，应引导公共管理者按照伦理规范对信息技术的应用给予“伦理观照”，毕竟审慎的人工智能技术政策也体现了公共事务管理者的权力克制。

四、健全人工智能社会风险防控治理体制

习近平总书记强调，科技是发展的利器，也可能成为风险的源头。要前瞻研判科技发展带来的规则冲突、社会风险、伦

理挑战，完善相关法律法规、伦理审查规则及监管框架。①

1. 国际人工智能社会风险管理动态

面对可能的风险，各国均在努力构建人工智能项目伦理评审和监管机制。美国国会两党就美国科技平台市场规模和监督虚假信息责任等都提出了合理性关切，并提出稳妥推进大型科技平台监管，且正在考虑督促政策制定者推出针对性工具，以避免采取事后惩罚性行动来解决实际矛盾问题。比如，在涉及消费者权益保护方面，美国国会两党认为，美国各州应继续利用现有法律处理反垄断案件。欧盟在讨论制定《数字市场和服务法案》时，也在考虑建立欧盟体系对外防火墙、数字主权和战略自主。数字主权原则意味着将所有欧洲数据留在欧洲，由欧洲公司进行存储和处理，并受欧洲法规的管辖。已颁布实施的欧盟《通用数据保护条例》（GDPR）就依据数据主权原则，为保护个人数据设定了严格的标准。欧盟最新的“数据法”草案把立法目标指向保护非个人数据，即由现代生产线、市政运营、物流链和智能住宅等产生的公共数据。该草案寻求让欧盟内用户对“如何使用非个人数据”拥有更多控制权，同时要求

---

① 参见《进一步加强科技伦理治理》，新华网，http：//www.news.cn/comments/20220418/9079b6b69f144fb2a064670dc548f996/c.html.

保护工业数据免受外国政府和企业监控。美国拜登政府针对欧盟和其他国家相对保守的数字政策，有针对性地提出了倡导开放的数字经济应成为美国首要的贸易优先事务。美国数字贸易原则是倡导开放、包容、公平、信任、具有兼容的隐私以及网络安全，这包括鼓励开放架构和技术选项，即在保护个人信息的同时鼓励实现跨境数据流动，通过限制数据本地化并禁止强制技术和软件转让。然而，看似开放的美国数字政策其实是双重标准，因为一旦涉及美国自身的数据，美国往往会以国家安全为由进行个案牵制，最典型的案例就是美国要求 TIKTOK 开放算法和数据本土化，甚至一度要求 TIKTOK 转让股权。美国还在着力促进外国政府数据系统开放，以推动美国制定主导的 5G、区块链和量子计算等新技术的国际标准，并在此基础上促进人工智能伦理风险治理。

2. 我国人工智能社会风险治理思路

中共中央办公厅、国务院办公厅印发了《关于加强科技伦理治理的意见》，相关内容在此不再重复表述。2022 年 3 月 1 日，国家网信办、工信部、公安部和国家市场监管总局四部门联合发布了《互联网信息服务算法推荐管理规定》，对公众知情权、选择权及未成年人、老年人的权益保障作出了规范，将此前的追究事后责任变为事前、事中、事后的全流程监管，推动中国数字技术社会风险治理进入新阶段。目前，各国已开展了人工智能发展的竞赛，我国也应在人工智能国际竞赛中占据主导地位。着眼未来，就目前国际竞争而言，不能轻信国际舆论对人工智能风险的评价，因为这些评价往往是夸大风险，遏制发展中国家投入人工智能技术研发，听任其喧嚣，必然会有损我国在科技发展战略竞争中已确立的技术优势。为此，政府部门应高度重视人工智能社会风险治理的重要意义，按照职责权限范围制定人工智能风险治理工作机制，细化落实党中央、国务院关于相关产业发展及社会风险防控的精神，统筹加强人工智能社会风险治理的各项工作部署，定期或不定期向社会公开人工智能社会风险防范工作情况并接受社会监督，用系统全面的工作落实有效防范人工智能各类社会风险[①]。要围绕推动我国人工智能产业健康发展的现实要求，树立正确科技伦理观，妥善处置人工智能技术衍生的社会风险挑战，塑造人工智能技术发展良性社会舆论生态。

3. 人工智能社会风险应对策略

加强我国人工智能社会风险治理需要多管齐下：一是要加

---

① 参见《中共中央办公厅、国务院办公厅印发〈关于加强科技伦理治理的意见〉》，中国政府网，https：//www. gov. cn/xinwen/2022－03/20/content _ 5680105. htm.

强人才培养。为培养实现国家人工智能战略所需的人才，须大力发展人工智能各层级教育，重视计算机科学及其相关学科发展，推进跨学科研究形成技术与技术风险均衡人才培养的态势。二是要完善人工智能风险相关标准和产业政策。要加快细分应用领域的行业标准制定。仅靠公共部门无法实现人工智能社会风险防控，我们还需要强化公私部门之间的协调合作，组建人工智能政产学研联合体，通过建立稳定的多元主体合作关系，有序协调各成员单位开展人工智能不同研究和产业方向的努力，实现行业、学术界和国际合作伙伴之间的交流，共享相关研究成果，明确人工智能风险防范要求，引导科技机构和科技人员遵守科技活动的道德规范和行为守则准绳，力求推出的项目社会满意度达到最大成效。三是广泛开展人工智能科普。对于信息技术，要包括理性层面的认知与知识表达层面的理解，但不能无谓夸大渲染人工智能社会风险。要正确宣传人工智能技术的科学知识，开展人工智能社会风险相关法律、伦理和社会问题法律研究和知识宣传普及，鼓励广大科技工作者投身人工智能的普法宣传、科普与推广，鼓励高等学校开设人工智能社会风险教育相关课程，就人工智能社会风险问题与公众开展广泛交流，教育人民群众全方位了解人工智能的未来和重要意义，正确引导公众对人工智能社会风险的认知。要教育公众树立正确的人工智能社会风险意识，理性认识人工智能社会风险问题，形成良好的社会氛围和构建共识机制①，提高对人工智能社会风险的正确理解和容忍度，降低公众对社会风险的无依据恐惧，克服公众的负面情绪，减少人工智能技术实施中的社会阻力，以制度的力量管控社会风险，避免把人工智能风险问题泛化和极化。四是完善标准制定、实施、监管机制。社会需要建立将人工智能社会风险的技术安全、风险防控从事后补偿处置转变为事前预防的管理思路，为此，应建立跨部门技术治理联动机制，健全人工智能社会治理创新监管体系，调控数据采集聚合、资源交易、安全治理等环节技术透明度，防范公权力滥用、过度索权、技术侵权等行为，构建覆盖全面、分级分类、导向明确、规范有序的伦理监管机制，保证人工智能能够满足社会预期。五是除了硬性的法律规范外，柔性的产业标准更为重要。为此，应尽快制定人工智能风险规范、指南等标准，坚持安全性、可用性、互操作性、可追溯性原则，比如，在对社交机器人和网络智能发帖的认识上，虽然应肯定其具有积极的意义，可以高效管控舆情、进行网络审查和收集民意，但应防止由技术资本和其他恶意政治势力所把持的智能社交机器人干扰正常网络秩序。虽然“技术没有善恶”，但放任

① 参见《中共中央办公厅、国务院办公厅印发〈关于加强科技伦理治理的意见〉》，中国政府网，https：//www.gov.cn/xinwen/2022－03/20/content_5680105.htm.

其行为就会酿成无法想象的后果。因此，需要将智能社交机器人操纵舆论和无良造势的行为纳入法律监管框架之中，并建立智能监管手段和第三方监督相结合的方法，为精准研判提供准确情报，让试图混淆视听的始作俑者无所遁形。六是建立健全突发公共事件等紧急状态下的人工智能风险应急处置能力培训，做到一旦出现人工智能社会风险，即可快速响应处置①。七是加快对人工智能带来的职业技能替代、就业岗位冲击、就业方式转变的规律性认识的研究，创造新型职业岗位和就业机会，加强新型工作岗位技能需求的研判能力，建立适应面向未来的终身学习和就业培训体系，加强劳动人口再就业培训和指导，大幅提升其就业易受人工智能影响人员的专业适岗技能，确保原来从事简单重复性工作的劳动者和人工智能技术替代型失业人员能够顺利转岗，冲抵人工智能发展带来的就业压力。

4. 开展人工智能行为科学和伦理标准问题研究

检验或评价人工智能技术社会风险防控体制机制的优劣，关键是要看其能否预警和机制性避免代价过大的技术风险自由落体现象发生或减少难以修复和稳定下来的技术风险摆动

---

① 参见《中共中央办公厅、国务院办公厅印发〈关于加强科技伦理治理的意见〉》，中国政府网，https：//www.gov.cn/xinwen/2022－03/20/content_5680105.htm.

幅度。当峰谷差和摆动幅度达到难以修复的程度时，就会演化为社会灾难。就目前而言，对人工智能采取包容性监管策略应兼顾技术创新和风险管控均衡的基本原则，聚焦技术发展和应用产生的焦点问题和显性风险进行监管纠偏的规则设置，避免过于严苛的管制对人工智能的研发和产业发展造成的挤压式阻碍。因此，我们要综合运用伦理规范、政策治理工具和法律法规等治理手段，要求开展人工智能项目都不得危害社会安全、公共安全，不得侵害人的生命安全、身心健康、人格尊严，通过敏捷治理，让人工智能社会风险治理跟上技术发展的节奏，从而适应人工智能发展态势，构建稳固的人工智能安全和社会风险防控基础。应通过公共卫生、养老救助、便民服务、应急安保等领域人工智能项目常态化治理具体方案、技术特征与实施策略分析，动态评估群众对人工智能项目伦理感知和共识态势，监测预警伦理风险，获得伦理风险关键可信结果，建立多层次判断伦理道德结构及人机协作的伦理框架，为人工智能伦理维度监管和指导提供理论框架和经验依据。

5. 人工智能伦理项目评审制度与绩效评价规则

基于人类对人工智能技术的警惕，风险防范正成为全球人工智能科技研究的试金石，尤其是对广泛实施的人工智能项目社会风险，更需要做到严防死守。对人工智能的伦理评审和绩效评价规制是对公共领域技术投入和公共政策理性反思的过程，而伦理评审和绩效评价规制则是实现这一过程的关键环节，即实现从单纯追求“技术应然”到社会伦理和综合效益认同的“技术实然”。为此，要探索技术伦理评审政策演进过程和传导机制，对现有和竣工后项目进行综合评审并提出整改意见，推导人工智能伦理风险规制有效性，构建人工智能伦理评审制度与绩效评价制度。项目立项评审不仅要从项目建设的必要性、建设集约性、数据共享性、需求明确性、方案可行性、投资合理性、方案完整性等方面进行评审把关，在评审中，还要坚持分类评审、分级干预，既要考量人工智能带来的效能和便利，又要慎重对待其中所蕴含的伦理风险，对科技活动的人工智能风险进行审查、监督与指导，切实把好人工智能风险关。要设定基础性的善治原则和效益目标，通过全过程事前伦理评审和事后绩效评价，以方便对技术实施过程中可能产生及扩散的社会伦理风险展开预警和补救①。要把人工智能在社会治理领域应用的伦理评审和绩效评价纳入国家治理体系建设，开展人工智能的伦理评审规制研究，构建评审方式、过程评价、

---

① 参见倪东辉、程淑琴：《公共管理视阈下信息技术应用的伦理思考》，《行政与法》2019 年第 6 期。

评审内容和监督管理等方面的规范，系统构建符合新时代伦理要求的人工智能伦理项目评审制度与绩效评价体制机制[①]。

6. 建立人工智能风险伦理审查和监管制度体系

开展人工智能研发需经由具备人工智能风险（审查）评审资质的部门或单位进行风险评估或审查。行业主管部门和相关单位应定期对人工智能风险（审查）委员会专家成员开展业务培训，引导科技专家自觉遵守伦理规范，提升人工智能风险审查质量和效率。要加强人工智能伦理和技术教育系统性研究和顶层设计，大力推进人工智能科技教育，将负责任的人工智能风险教育嵌入学习系统，加快推动人工智能技术关联专业人才培养模式、教学方法改革，实现技术素养和伦理观同步培养和转变，从而培养选拔一批可以胜任人工智能风险伦理审查和监管的专家队伍。针对人工智能技术隐患内在属性，要建立能够确保落实人工智能安全的风控管理体制。要针对人工智能风险特征，实施“透明”监管。伦理风险审查和监管要坚持科学、独立、公正、透明原则，确保评估公共部门和机构使用的人工智能决策算法的公平性、合规性和透明度。要建立常态化审查

---

① 参见唐钧：《人工智能的风险善治研究》，《中国行政管理》2019 年第 4 期。

和监管工作机制，进行人工智能风险日常管理，主动研判、及时化解项目研发和部署中存在的伦理风险，规范人工智能应用技术标准和开发、应用的安全技术基线，以降低算法失误和算法歧视的发生概率。在人工智能风险伦理审查和监管过程中，不仅不得侵犯项目关联方的知情权和选择权，还要维护个人、社会和国家的安全和利益。要建立人工智能软硬件和系统应用的安全测试制度，增强风险意识，重视风险评估和防控，对于可能导致人财损失或危及公共利益划定不同风险等级，完善人工智能风险审查、风险处置、违规处理等规则流程，及时干预新生和次生风险。为此，应明确事前防范、应急预案、事中处置、事后担责和评估的主体和流程，确保把人工智能社会风险规制在可控范围，有效应对处置已发生的人工智能社会风险。要建立人工智能风险与伦理审查结果专家复核机制，组织开展对重大人工智能风险案件的调查处理，并利用典型案例加强相关从业人员警示教育①。

---

① 参见《中共中央办公厅、国务院办公厅印发〈关于加强科技伦理治理的意见〉》，中国政府网，https：//www.gov.cn/xinwen/2022－03/20/content_5680105.htm.

参考文献

[1] 高原：《打开学科围墙　拓展专业空间　迎接人工智能的挑战和机遇》，《新清华》2018年10月26日。

[2]《国务院关于印发新一代人工智能发展规划的通知》，《中华人民共和国国务院公报》2017年8月10日。

[3] 倪东辉、程淑琴：《公共治理领域信息伦理研究》，《宿州学院学报》2021年第2期。

[4] 李旭、苏东扬：《论人工智能的伦理风险表征》，《长沙理工大学学报（社会科学版）》2020年第1期。

[5] 杨立新：《民事责任在人工智能发展风险管控中的作用》，《法学杂志》2019年第2期。

[6] 梅立润：《人工智能到底存在什么风险：一种类型学的划分》，《吉首大学学报（社会科学版）》2020年第2期。

[7] 唐钧：《人工智能的风险善治研究》，《中国行政管理》2019年第4期。

[8] 李良成、李雨青：《人工智能嵌入政府治理的风险及

其规避》,《华南理工大学学报（社会科学版）》2021年第5期。

[9] 颜佳华、王张华:《以“善智”实现善治:人工智能助推国家治理的逻辑进路》,《探索》2019年第6期。

[10] 闫坤如、马少卿:《人工智能技术风险规避探析》,《长沙理工大学学报（社会科学版）》2019年第4期。

[11] 刘党生:《让AI拥抱学习》,《中国信息技术教育》2017年第Z3期。

[12] 温广辉、吴争光、彭周华等:《人工智能2.0时代的群体智能理论与技术专题序言》,《控制工程》2022年第3期。

[13] 鲍现松、吴晖、胡红霞:《基于“人工智能”的变电站智能运检管控系统》,《通讯世界》2019年第2期。

[14] 倪东辉、程淑琴:《公共管理视阈下信息技术应用的伦理思考》,《行政与法》2019年第6期。

[15] 陈鹏:《人机关系的哲学反思》,《哲学分析》2017年第5期。

[16] 秦铭谦、梁英伟、张闻语:《人脸识别技术在智慧校园中的应用研究》,《数字技术与应用》2018年第4期。

[17] 鲍柯舟:《人工智能治安风险及其防控研究》,《铁道警察学院学报》2021年第4期。

[18] 马立明:《评论区里的,很多真不是人》,《今日头条》2022年4月20日。

[19] 邓逢光、张子石：《基于大数据的学生校园行为分析预警管理平台建构研究》，《中国电化教育》2017年第11期。

[20] 张清、张蓉：《“人工智能+法律”发展的两个面向》，《求是学刊》2018年第4期。

[21] 张虎、潘邦泽、张颖：《基于深度学习的法律文书事实描述中判决要素抽取》，《计算机应用与软件》2021年第9期。

[22]《关于加强科技伦理治理的意见》，《人民日报》2022年3月21日。

[23] 张旭、杨丰一：《恪守与厘革之间：人工智能刑事风险及刑法应对的进路选择》，《吉林大学社会科学学报》2021年第5期。

[24] 赵磊：《人工智能恐惧及其存在语境》，《西南民族大学学报（人文社会科学版）》2021年第11期。

[25]《进一步加强科技伦理治理》，新华网，http://www.news.cn/comments/20220418/9079b6b69f144fb2a064670dc548f996/c.html.

[26] 贾珍珍、刘杨钺：《总体国家安全观视域下的算法安全与治理》，《理论与改革》2021年第2期。

[27]《世界人工智能法治蓝皮书（2019）》，《2019世界人工智能大会法治论坛》2019年8月1日。

[28]《世界人工智能法治蓝皮书（2020）》，《2020世界人工智能大会法治论坛》2020年7月10日。

[29] 刘艳红：《人工智能的可解释性与AI的法律责任问题研究》，《法制与社会发展》2022年第1期。

[30] 胡心约、张恬路、李英武：《基于AI的情绪识别在组织中的实践：现状、未来和挑战》，《中国人力资源开发》2022年第1期。

[31] 张建楠、李莹莹、周佳卉等：《人工智能独立医用软件监管研究》，《中国工程科学》2022年第1期。

[32] 蒋希、袁奕萱、王雅萍等：《中国医学影像人工智能20年回顾和展望》，《中国图象图形学报》2022年第3期。

[33] 邓士昌、许祺、张晶晶等：《基于心灵知觉理论的AI服务用户接受机制及使用促进策略》，《心理科学进展》2022年第4期。

[34] 胡艺龄、赵梓宏、顾小清：《突破与重构：教师AI接纳的复杂扩散机制探究与建模》，《电化教育研究》2022年第3期。

[35] 龚超、王冀：《日本人工智能教育战略的研究与分析》，《中国教育信息化》2022年第6期。

[36] 夏正勋、唐剑飞、罗圣美等：《可信AI治理框架探索与实践》，《大数据》2022年第4期。

[37] 朝乐门：《人工智能治理框架及其人文社会科学研究问题分析》，《情报资料工作》2022 年第 5 期。

[38] 潘军、姚科敏：《AI 智能层级与仿人实现的价值调控与治理研究》，《重庆大学学报（社会科学版）》2022 年第 4 期。

[39] 高丹阳、李冉：《人工智能时代背景下 AI 双师精准教学模式构建研究》，《保定学院学报》2022 年第 6 期。

[40] 杨欣：《AI 时代的未来学校：机遇、形态与特征》，《中国电化教育》2021 年第 2 期。

[41] 高蕾、符永铨、李东升等：《我国人工智能核心软硬件发展战略研究》，《中国工程科学》2021 年第 3 期。

[42] 郭利强、谢山莉：《融入 AI 的数字教材编制：伦理审视与风险化解》，《远程教育杂志》2021 年第 4 期。

[43] 吕兴洋、杨玉帆、许双玉等：《以情补智：人工智能共情回复的补救效果研究》，《旅游学刊》2021 年第 8 期。

[44] 朝乐门、尹显龙：《人工智能治理理论及系统的现状与趋势》，《计算机科学》2021 年第 9 期。

[45] 高兆明：《主体与类主体：人类如何与 AI 相处？——以波音 737MAX 坠机事件为例》，《哲学分析》2019 年第 6 期。

[46] 杨庆峰：《从人工智能难题反思 AI 伦理原则》，《哲

学分析》2020年第2期。

［47］毛思瑞、陈建明：《现代AI技术的发展与伦理制约关系》，《山东农业工程学院学报》2020年第5期。

［48］黄力之：《对人工智能（AI）“侵入”审美的理论反思》，《上海文化》2020年第10期。

［49］姜子豪、陈发俊：《人工智能（AI）人权伦理探究》，《齐齐哈尔大学学报（哲学社会科学版）》2019年第7期。

［50］魏斌：《法律人工智能：科学内涵、演化逻辑与趋势前瞻》，《浙江大学学报（人文社会科学版）》2022年第7期。

［51］邹邵坤：《法律人工智能的真实当下与可能未来》，《法治现代化研究》2019年第1期。

后　　记

近年来，随着互联网、大数据、云计算、人工智能、区块链等新技术的深刻演变以及全社会数字化、智能化、绿色化转型的不断加速，科技正极大改变着全球要素资源配置方式、产业发展模式和人民的生活方式。2024 年开年，Sora 的横空出世，给人工智能界投下一枚重磅炸弹。这个由美国 OpenAI 公司发布的文生视频模型，只需输入一段简单的提示文本，模型就能生成相应主题下具有多个角色、特定背景和特定动作类型的连续、稳定、高品质的高清视频，而且输入的提示文本越细致精准，生成的视频展现的内容就越趋于对真实细节的还原。Sora 生成的演示视频不禁引发着人们的思考：这个在画质、长视频生成、多镜头一致性、学习世界规律、多模态融合等方面实现突破，堪称 AI 认知世界并与之进行交互的里程碑事件，是否意味着具备人类同等智能或超越人类智能的通用人工智能的到来？事实上，对于以人工智能为代表的科技发展成果，人们也存在着忧虑，尤其是人工智能存在的社会风险，更是一个复杂且多元的问题，涉及多个层面和维度：一是技术风险。人工智能的快速发展带来了技术上的不确定性和失控风险。就目前的人工智能模型而言，其在处理某些细节时可能会产生一些错误。例如，Sora 生成的视频就很容易混淆物体的左右方向，它也无法完全理解复杂的因果关系，或在长时间的跨度内保持故事线的高度一致连贯。这些技术缺陷导致其所生成的视频内容可能会出现部分逻辑错误，或出现与常识、真实情形不符的情况。事实上，人工智能算法的缺陷或误判可能会导致决策失误或意外后果，甚至可能导致技术的失控或滥用。二是隐私风险。人工智能技术在数据收集和分析方面的能力强大，这可能会对个人隐私产生威胁。数据泄露、滥用或不当使用可能会导致个人隐私受到侵犯和滥用。三是就业风险。人工智能的广泛应用可能会导致一些传统岗位的消失或被替代，这将进一步引发失业、收入不平等和社会不稳定。四是伦理风险。人工智能的决策过程可能涉及伦理问题和引发道德争议，如机器应如何平衡不同的道德原则以及如何对待生命与处理伤害等。五是安全风险。人工智能技术可能会产生被用于进行网络攻击、制作勒索软件等安全威胁。此外，人工智能技术也可能被用于进行虚假信息传播和网络操纵等，进而对社会稳定和安全产生威胁。六是社会结构风险。人工智能的发展可能会加剧社会中权力和财富的不平等与分化。例如，技术鸿沟可能导致数字鸿沟，导致一些人无法享受技术带来的便利和机会。面对这些风险，需要采取相应的举措进行管理和控制风险，如在加强人工智能技术的研究和创新的同时，加强人工智能的监管和管理，强化技术发展的透明度和可解释性，建立完善的隐私保护政策和数据管理制度，确保技术、数据的安全和合规使用等。当前，有必要通过加强科技伦理准则和规范的制定和实施，以确保人工智能的决策符合伦理原则。

本书是安徽省哲学社会科学规划课题后期资助项目《人工智能发展的社会风险及其治理》（AHSKHQ2022D02）、安徽省哲学社会科学基金孵化项目《数字赋能基层治理伦理风险规制研究》（AHSKF2021D45）、中共安徽省委党校科研创新工程项目《高质量数字赋能基层治理机制创新研究》（CXGCPY202206）、中共安徽省委党校（安徽行政学院）创新工程项目《中国式现代化安徽实践》

（CXGCTSTD202301）的阶段性成果。笔者从事相关研究的过程中，也曾受邀对省级数字化项目、省级重大社会稳定风险评估等政府项目进行评审，并欣喜地看到诸多创新性技术被应用于公共治理、应急管理、金融等领域之中，但又深刻感悟到人工智能社会风险问题的复杂和多变，需要从多个层面和维度来进行认识。同时，笔者也体会到，要从管理创新、治理目标、社会责任和社会共识的观念出发，研究人工智能等信息技术的社会风险内涵、技术伦理评价与技术边界控制策略，在管理创新应用中遵从社会共识的伦理框架和原则。只有通过全社会的共同努力，才能确保人工智能技术的可持续发展和社会的长期稳定。人工智能等技术的运用，不仅是数字赋能的问题、也是技术应用合法与否的问题，更是关乎人类自由命运的大事。但目前来看，公共领域信息化项目建设尤其是涉及公共治理项目中人工智能等技术的立项、建设和运维仍普遍缺少必要的风险评估、监管与管控措施。

人工智能无疑是新质生产力的重要研究方向。在中国式现代化时代命题下，有必要聚焦人工智能的社会风险、科技伦理等问题，努力超越理想化的文本阐释和定式思维，善用“数字之钥”避免“技术至上”，形成面向中国式现代化视域下工具理性和价值理性有机统一。人工智能技术是非常复杂的系统，人工智能问题往往也是复杂的大型问题，需要跨学科开展研究。由于笔者对相关知识和领域学习不深，对深层技术仅仅略知一二，甚至是道听途书，难免在理解和问题把握上出现偏差，甚至可能出现低级错误，还请各位读者批评指正。最后，要感谢安徽省数据资源局、合肥市数据资源局提供的大量资料，感谢中共安徽省委党校（安徽行政学院）对科研工作的重视以及为科研人员创造的宽松和良好的研究条件，感谢原工作部门（科学文化教研部）和现工作部门（理论研究所）的同仁给予的理解和支持，感谢原阿里研究院陈涛博士提供的文献资料。未来，笔者将始终牢记“紧扣党之所需、发挥自身优势”的原则，努力践行“为党育才、为党献策”的党校初心，不断做好教学和科研工作。

倪东辉

2023 年 12 月